サクッと！

クラシックテーマに代わる
ブロックテーマでコンテンツを作る!!

WordPress

ダウンロード
サービス付

ノーコードで
ブロックテーマを
作る本

伊丹シゲユキ 著

開発環境
VSCode
オリジナルの
テーマ作成で
使います

秀和システム

●本書で使用しているパソコンについて

本書はインターネットやソフトウェアを扱うことができるパソコンを想定して解説しています。
掲載している画面やソフトウェアの動作が紙面と異なる場合があります。原因としては①「PC仕様により異なる場合」(画面の見え方)、②「ソフトウェアの機能向上や改善による変更で異なる場合」(表示内容や表示項目の増減など) があります。
パソコンのハードウェアやソフトウェアの仕様に関しては、各メーカーのWebサイトなどでご確認ください。本書は執筆時点の各仕様で著作しております。

●本書の執筆環境

本書の執筆はWindows 10、インターネット上のサイトやサーバー、WordPress 6.2、6.3、6.4を基に行っています。
読者の方が検証する時期によってサーバー環境、WordPress、プラグイン、紹介されている画面写真や手順など、本書の解説と異なる結果になる場合がありますので、ご注意ください。
パソコンの設定によっては同じ操作をしても画面イメージが異なる場合があります。しかし、機能や操作に相違はありませんので問題なくお読みいただけます。また、WindowsやmacOSは常に更新されるので、紙面と実際の機能に相違が出る可能性があります。

●注意

はじめに

こんにちは！

　WordPressは現在最も注目を集め、かつ世界的に利用されているCMS（コンテンツ・マネージメント・システム）です。

　かつてこれほどシェアを広げたフリーのCMSは今まで存在しませんでした。

　現在、世界中の多くのWEBサイトはWordPressによって構築され、日本国内においては全CMS利用のうち、実に83%（W3Techs.com　2022年12月）に達しています。

　WordPressは、当初ブログCMSとして人気を博し、広く利用されることとなりましたが、今では企業サイトやECサイトなどの様々な分野のWEBサイトを構築するプラットフォームとして利用されています。

　便利なホームページの構築ではWix、ECサイトの構築でShopifyなどによるシェアの広がりも感じますが、WordPressは何よりも無料で改変自由なオープンソースです。

　CMSの世界でもヘッドレスCMSなどの新たなトレンドが生まれつつあり、WordPressもバックエンドでのフレームワークとしての利用も盛んです。

　ゼロから作れば見積もりだけで頓挫してしまいそうな案件でも、WordPressを基幹システムに設置し、必要な部分だけに手を加えて改造するといった手法がとれます。

　現在、WordPressCMSは大きな変化の時を迎えています。それはクラシックエディターからブロックエディターの移行と、クラシックテーマからブロックテーマへの構造的な変化です。エディターやテーマの変化は、別のCMSへと変化したように感じられるほどですが、「ブロックテーマ」はサイト全体をブロックとして管理するフルサイト編集（FSE）の実現を目指すものです。これにより、従来PHPファイルの編集で行っていたレイアウト変更が、HTMLファイルと管理画面から簡単に行えるようになります。

　本書では、そのような流動的な状況の中で、WordPressのコンテンツ編集とテーマのカスタマイズをわかりやすく紹介しています。

　本書がWordPressブロックテーマの初心者カスタマイザーの皆さんへの道案内となれば幸いです。

伊丹　シゲユキ

● 想定している本書対象読者

　本書は、WEB制作者や運営者を対象とした、WordPressサイトのカスタマイズやテーマ作成に関する解説書です。

　ただし、本書ではHTMLやCSS、PHP言語、WordPressの記事投稿や操作方法に関する詳細な説明は含まれていないので予めご了承ください。

　なお、WordPressのテーマやエディター部分は、今後も更新や変更が進むことが予想されます。そのため、本書の内容と最新のバージョンとの間には相違が生じる可能性があることに留意してください。

・HTMLとCSSの基礎を理解し、初歩的なWEBサイト制作の関連書籍を読了している方
・静的なサイトの制作を経験された方
・基本的なWordPressの扱いを理解している方

● 執筆と生成AI利用に関して

本書執筆にあたり、以下の生成AIを利用しています。

●ChatGPT（GPT-4）
　校正、校閲、記事構成案、目次、索引案の提示など、情報検証、ダミーコンテンツ

●Bing（GPT-4、DALL-E）
　類似情報の確認、検証、ダミーコンテンツ

●Microsoft Designer
　書籍中面レイアウト案の提示など

● この本で解説していること、解説していないこと

　本書はWordPressテーマのカスタマイズ、作成方法の解説書です。解説の進捗上、様々な項目に関して付加的に説明を行っていますが、以下の「解説していること」「解説していないこと」にご留意いただき、ご利用ください。

解説していること
- ローカル開発環境の構築
- WordPressのインストールの概要
- 既存「ブロックテーマ」のカスタマイズの基本
- 「ブロックテーマ」作成の基本

解説していないこと

　以下の内容はテーマカスタマイズや作成方法の解説中にて、適宜説明を加える場合もありますが、基本的には読者が理解している内容として執筆されています。

- WordPressの操作、設定の基本
- 「クラシックテーマ」、「クラシックエディタ」に関して
- 記事の作成、編集の基本
- プラグインのインストール、カスタマイズの基本
- FTPソフト、エディタ、ブラウザ、Chrome開発ツールなどの使用方法
- HTML、CSSの文法やPHP、Javascript言語等の見分け
- WEBサイトの構築方法全般

● 本書の読み方 (ページ構成)

●本書の使い方

本書の基本的なレイアウトと読み方を紹介します。

サンプルコンテンツ

秀和システムのwebページからダウンロード可能です。

画面の操作手順を解説する

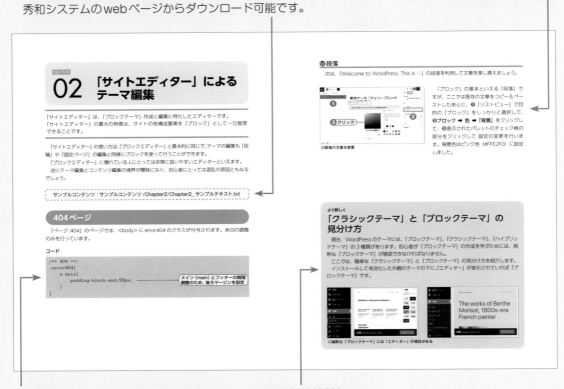

コード

コードには解説コメントを掲示します。

COLUMN

本書解説には直接関係しない知識ですが、知っているとより理解が深まる情報です。さらなるステップアップに繋がる知識ともいえます。

より詳しく

本文では割愛されている、より詳しい技術的内容を説明します。本文中で紹介するWordPressカスタマイズ初心者の方には混乱しやすい情報をまとめました。

●画面操作指示

・メニュー項目やプルダウンメニューなどの階層的な操作は、
下記のように表記しています。
例：ファイルメニュー➡新規➡全般

●サンプルデータの入手

本書で紹介している制作事例は、サンプルデータを用意しています。以下URLよりダウンロードしてください。

ダウンロードURL：https://www.shuwasystem.co.jp/support/7980html/6457.html
筆者サイト：itami.info
サンプルサイト：sakutt.com

Contents 目 次

Chapter 0 環境と知識の確認

Chapter 1 PCにWordPress環境を構築

ブロックエディターに親しむ

Chapter 3 オリジナル「ブロックテーマ」の作成

インターネットサーバーにWordPress環境を構築

Chapter 0

環境と知識の確認

　この Chapter 0 では、本書を利用して学ぶにあたって、必要な学習環境や基本的知識に関しての確認を行います。

01 環境

本書で行っているカスタマイズやテーマ作成のための環境を紹介します。本書の環境とまったく同じである必要はありませんが、カスタマイズ初心者は混乱を避けるためにも同様の環境構築をお勧めします。

●OS

本書は Windows 10 環境下での解説、画面スクリーンショットとなっています。macOS、Linux など Windows 10 以外利用の場合は、各利用環境に置き換えて読み進めてください。

●ブラウザ

業界標準の開発ツール（デベロッパーツール）を備えた「Google Chrome」を利用します。Windows、Linux、macOS の各 OS 用がリリースされています。

●エディタ

本書では「VSCode（Visual Studio Code）」を利用します。「VSCode」は執筆現在最も利用されている Microsoft 社が提供するフリーのエディタです。非常に高機能で各種「拡張機能」の利用により、さらなる機能の強化も可能です。「Visual Studio」とは別のアプリケーションであることに注意してください。Windows、Linux、macOS の各 OS 用がリリースされています。

●FTP ソフト

WordPress のような大量のファイルの送受信が必要なソフトウェアには、信頼性の高い FTP ソフトが必要です。

「FileZilla Client」（以降 FileZilla）は、FTP ソフトとして 20 年以上の歴史を持ち、現在でも頻繁にアップデートが繰り返されている信頼性の高いオープンソースのフリーソフトです。Windows、Linux、macOS の各 OS 用がリリースされています。

●WordPress 用プラグイン（拡張機能）

WordPress の人気の 1 つにプラグインの豊富さがあります。希望とするテーマのカスタマイズには時としてプラグインが必要なこともあります。

本書のカスタマイズやテーマ作成では、問い合わせフォーム設置用のプラグインとして、「Contact Form 7」を使用します。

●WordPress テーマとしての準拠

本書で紹介しているテーマカスタマイズや作成方法は、WordPress の厳密なコーディング規約に沿っていない部分もあります。オリジナルテーマの作成や配布、wordpress.org へのテーマ申請の際には注意してください。

> **執筆バージョンの WordPress**
>
> 本書で解説する WordPress は、執筆時点での最新バージョン（6.2、6.3、6.4）を使用します。WordPress は頻繁にアップデートが行われるため、利用しているバージョンが異なる場合は、本書で紹介している名称や UI、扱いに相違が発生する場合があります。適宜バージョンの違いを考慮しながら読み進めてください。

●ソフトウェアの割り当て

HTML の表示アイコンが Google Chrome 以外の表示で気になる人はアプリケーションの割り当てを Chrome に変更しましょう。

●WEB フォント

本書で紹介している WordPress テーマ「My Sweets Styles」では「Google Fonts」を使用しています。

●拡張子の表示

WEB サイト制作の現場ではファイルがどのようなデータかを知ることのできるファイル拡張子の表示は必須となります。

Windows、Mac 利用者で拡張子を表示していない人は、以下の方法で拡張子の表示設定を行ってください。

●Windows の場合

エクスプローラー ➡ 「表示」タブ ➡ 「ファイル名拡張子」のチェックボックスをオンにします。

●Mac の場合

メニュー:Finder ➡ 環境設定 ➡ 詳細 ➡ 「すべてのファイル名拡張子を表示」のチェックボックスをオンにします。

02 必要な知識

本書を読むにあたって必要となる知識について説明します。

●半角英数

パソコンやスマートフォンだけを利用している人にとっては、半角英数文字の使用の制限は窮屈に思えるかもしれませんが、WEBサイト制作やプログラミングに慣れ親しんでいる人にとっては当たり前のルールです。

コード入力時は必ず半角文字の直接入力モードに切り替えましょう。

●HTML

WordPressのテーマファイルは、主にPHPファイルで構成されていますが、WEBページの基本構造を構築するのはHTMLです。

HTMLは文章構造を定義するシンプルなタグ言語ですが、利用のためにもさらに理解を深めてください。

本書では「HTML5（HTML LS）」で記述しています。

●CSS

WEBページのレイアウト（デザイン）はCSSによって記述します。

文章構造（HTML）とレイアウト（CSS）の分離はWordPressにおけるコンテンツとテーマの分離そのものです。WordPressのテーマ（見た目のレイアウト）をカスタマイズするためにもCSSに関する知識は必要不可欠です。本書では「CSS3」（CSS Nesting Module）で記述しています。

●PHP

WordPressはサーバー側で動作する言語であるPHPによって作成されています。

「ブロックテーマ」の作成では、テーマカスタマイズや作成に、自由にPHPプログラミングができるスキルは必須ではありませんが、HTMLやCSS、PHPの違いをしっかりと認識しコードを扱う必要があります。

PHP初心者はWordPressテーマのカスタマイズを入口にPHPやデータベースの扱いに慣れるのもよいでしょう。

PC に WordPress 環境を構築

この Chapter 1 では、サーバーの準備と WordPress のインストールについて説明します。
WordPress を正しくセットアップすることが、カスタマイズやテーマ作成の第一歩です。

01 WordPress とは何か？

ウェブサイトを作成し、管理することは現代のビジネスや個人のプレゼンスにおいて欠かせない要素となっています。その中で、手軽に強力なウェブサイトを構築できる CMS として、WordPress が世界中で広く受け入れられています。

　WordPress は、2003 年にリリースされたコンテンツマネジメントシステム（CMS）です。PHP でコードが書かれており、現在世界中で最も広く利用されているブログ CMS となっています。

　ウェブサイトの制作といえば、専門的な知識や技術が必要だと思われれがちですが、WordPress は初心者から上級者まで、幅広いユーザーがその直感的な操作性や柔軟性を利用でききます。

　プラグインやテーマも豊富に用意されており、個人のブログから大規模な商業サイトまで、多様なニーズに応えることが可能です。

　ブロックテーマの導入後は、デザインレイアウトの自由度はさらに高まることでしょう。

　ブログだけでなく、企業向けウェブサイトやショッピングサイトの構築にも利用されています。

Section
02 WordPress で使用される用語

WordPress で使用される固有の用語に関して紹介します。必要になった際に読み返してください。

●CMS（コンテンツ・マネージメント・システム）

CMS とはその名のとおりコンテンツを管理するシステムをいいます。一般的にはブラウザによって簡易に掲載情報や設定を変更できるシステムとなり、ブログ以外にもショッピングサイトや教育用サイトなど様々な CMS が数多く存在します。

●フロント（フロントページ）

WordPress で表示された一般のユーザーが見るページです。通常、「プレビュー」とはフロントページのプレビューを指します。

●管理画面

WordPress を「インストールした URL/wp-admin/」でログインしたページです。「フロントページ」に対して、サイト管理者や編集者がシステムやコンテンツを操作する画面となります。

●投稿

WordPress のコンテンツの一形態です。ブログ記事のように日々投稿されるようなページの作成に向いています。

●固定ページ

WordPress のコンテンツの一形態です。比較的変化の少ない、例えば「会社概要」や「お問い合わせ」などのページ作成に向いています。

●アーカイブ

投稿が時系列やカテゴリー、タグなどによって分類され、一覧としてまとめられて表示されるページです。何らかの条件下の投稿一覧を指します。

●テーマ

WordPress の見た目や機能を決定するファイルの集まりです。WordPress には利用できる「テーマ」が豊富に用意されており、WordPress が多くの案件に利用される理由の 1 つでもあります。

WordPress をインストールした最初の状態で備わっているテーマは「デフォルトテーマ」と呼ばれています。「デフォルトテーマ」は西暦を英語で表した名前が付けられています。フロントの他、管理画面のテーマもリリースされています。

●テーマカスタマイザー（クラシックテーマ）

初心者にも使いやすいデザインや機能の編集ツールです。ライブプレビュー機能を備えています。

●カスタム投稿タイプ（クラシックテーマ）

標準の投稿や固定ページ以外の独自のコンテンツタイプを作成する機能です。

●子テーマ（チャイルドテーマ）

既存のテーマに変更を加えることなくカスタマイズするためのサブテーマです。

●ブロック

独立した各種の機能の単位です。WordPress 5.0 以降のブロックエディター（Gutenberg）でドラッグ＆ドロップによる配置や並べ替えが可能です。

ブロックテーマではブロックによってテーマが構築されています。

●ブロックエディター（Gutenberg）

WordPress5.0 から導入されたコンテンツエディターです。ブロックと呼ばれる単位でコンテンツやテーマを構築、編集します。

●ブロックテーマ（FSE テーマ）

WordPress5.9 から導入された、ブロックエディターを利用して、サイトのあらゆる部分が編集可能なフルサイト編集（Full Site Editing, FSE）に対応した新しいタイプのテーマです。

●サイトエディター

ブロックテーマ（FSE テーマ）を作成、編集するためのエディターです。

●クラシックエディター

記事単位でコンテンツの編集を行う従来のエディターです。2024 年に廃止予定です。

●クラシックテーマ

フルサイト編集（Full Site Editing, FSE）に対応していない従来のタイプのテーマです。WordPress5.9 以降でも使用可能。

●カスタムフィールド

投稿や固定ページに追加情報を加えることができる機能です。

●ページビルダー

ドラッグ＆ドロップでページのレイアウトを作成できるプラグインや機能です。

●プラグイン

WordPress に元々ない追加機能を提供する小さなプログラムです。WordPress には利用できるプラグインが豊富に用意されており、そのことが多くのサイト運営に利用される理由の 1 つとなっています。

●ウィジェット

サイドバーやフッターに簡単に追加できる小規模なパーツです。「カレンダー」、「検索窓」、「カテゴリー覧表示」などがウィジェットの例です。

「プラグイン」との区別に迷うかも知れませんが、プラグインが新しい機能を追加するもので、ウィジェットがその機能をサイト上で表示するためのパーツだと理解しましょう。

●スラッグ

投稿や固定ページに付けることのできる半角英数による名前で、ページの URL に使われます。投稿や固定ページを作る際に、SEO に適したスラッグを付けることが重要ですが、英数字か日本語かどちらがよいかは難しい問題です。

筆者は半角英数を設定しています。

●ショートコード

コンテンツに手軽に追加できる特別なコードです。ショートコードを利用して、機能やデザイン要素を迅速に追加できます。

「Contact Form 7」のショートコード例：[contact-form-7 id="55" title=" お問い合わせ "]

●タクソノミー

「タクソノミー」とは英語で「分類」を意味します。「カテゴリー」や「タグ」はタクソノミーの一種です。タクソノミーの各項目は「ターム」と呼ばれます。

WordPress では「カテゴリー」や「タグ」以外に、独自の「ターム」を作成することも可能です。

『分類方法（タクソノミー）の項目（ターム）に「カテゴリー」や「タグ」がある』と言い換えることができます。

●カテゴリー

「投稿」に対しての必須で設定する分類です。初期に設定されている「カテゴリー」は「未分類」の1つだけですが、「未分類」の名称も変更でき、ユーザーによって自由に追加作成可能です。「カテゴリー」には親子関係を設定することも可能です。

●タグ

「投稿」に対して任意に設定可能なラベルのような機能です。カテゴリーとは違い、「投稿」の分類構造を指定するものではありません。複数の「タグ」を自由に「投稿」に対して添付することによって記事を見つけやすくします。

●メディア

WordPress で扱うことのできる文字以外のコンテンツを指します。一般的には画像データや音データ、動画データなどです。プラグインを使って、初期状態で扱えないファイルも管理できます。

●パーマリンク

記事の URL のことです。WordPress では幾つかのルールで「パーマリンク」を自動生成することが可能です。

初期設定では、https://mysite.com/2023/04/02/sample-post/ のように「日付と投稿名」で生成されます。「スラッグ」を設定し、「.html」を添付することによって https://mysite.com/2021/04/02/sample-post.html のように静的ページに見せることも可能です。

●エンキュー

スクリプトやスタイルシートを適切（順番）に読み込むための WordPress の仕組みです。wp_enqueue_style 関数、wp_enqueue_script 関数などを利用します。

●フック

WordPress ではユーザーが作成した特定の機能を安全に呼び出すために、アクションフック「add_action」やフィルターフック「add_filter」といった関数が用意されています。

●ヘッドレス CMS

データ管理と表示を分ける新たな方向性の CMS です。これによりデータを各種デバイスで表示しやすくし、見た目の更新も容易になります。WordPress もヘッドレス CMS として利用する

ことが可能です。

●テンプレート

　ページの見た目、骨格となるファイルです。テンプレートは、テンプレートパーツ（HTML、PHP、CSS など）から構成されています。

●テンプレート階層

　ページを表示する際に、どのテンプレートファイルを使うべきかを決定するための優先順位です。特定ページの表示は、テンプレートファイルを探してテンプレート階層の高いファイルがあれば、そのファイルを使用してページを構築します。

●テンプレートパーツ

　ヘッダーやフッターなどのサイト全体で再利用される部分を作成するための HTML ファイルです。

●同期パターン

　「テンプレート」や「投稿」、「固定ページ」に配置可能できるユーザーが作成可能なパーツです。「同期パターン」を編集すると、他で使用されているすべての同期パターンが更新されます。切り離して独立使用することも可能です。

●theme.json

　ブロックごとに設定を制御したり、スタイルを管理することが可能な JSON 形式のファイルです。

03 ソフトウェアの準備

ここでは、**Chapter 3 のオリジナル「ブロックテーマ」の作成**で利用するエディタ、
Microsoft 社の Visual Studio Code（以降 VSCode）のインストールを紹介します。

Visual Studio Codeのダウンロードとインストール

オフィシャルサイト「VSCode」(https://code.visualstudio.com/) よりダウンロードを行っ
てください。

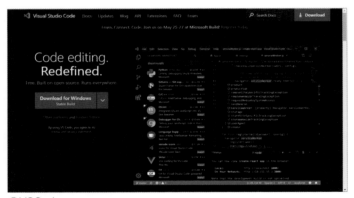

↑VSCode

❶ダウンロードした「VSCodeUserSetup-
x64-xxx.exe」（Windows 版）をダブルク
リックします。ライセンス確認画面が表示
されるので、「同意する」を選択（チェック）
して「次へ (N)>」をクリックしてください。

❷「追加タスクの選択」画面です。必要な場合はチェック項目を変更し、「次へ (N)>」をクリックしてください。

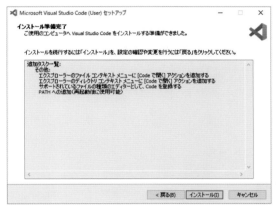

❸「インストール準備完了」画面です。最終確認画面ですので問題なければ「インストール (I)」をクリックしてください。

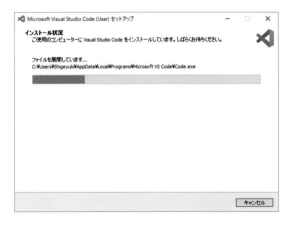

❹「インストール状況」を表すプログレスバーが表示されます。インストールの完了を待ちましょう。

❺インストール完了画面です。「完了」ボタンをクリックして「Visual Studio Code」の起動を確認してください。

Ⓦ VSCode の日本語化

インストールした「VSCode」には、すでに日本語言語パックが用意されていますので、ウィンドウ右下に表示されるメッセージをクリックして切り替えましょう。

なお、日本語言語パックがインストールされていないバージョンをダウンロードした場合は、以下の手順で日本語化を行ってください。

●「Japanese Language Pack」のインストール

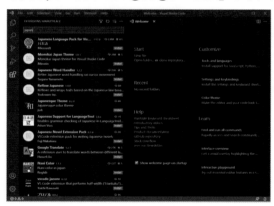

❶「拡張機能」検索窓に「japan」と入力して表示される「拡張機能」から「Japanese Language Pack」を選んで、インストールボタンをクリックしてください。インストールはすぐに終了するでしょう。

❷メニュー：View ➡ Command Palette
を選択し、入力欄に「conf」と入力して、
表示される候補の中から「Config Display
Language」を選択してください。

❸「en」と「ja」が表示されます。「ja」（日
本語）を選択しましょう。

❹表示言語切替のために再起動の許可が表
示されます。「Restart」ボタンをクリック
して「VSCode」を再起動しましょう。

❺再起動後、日本語化された「VSCode」が表示されます。

VSCode 用拡張機能

　「VSCode」には、本体に追加可能な多くの「拡張機能」がリリースされています。本書では利用していませんが、興味のある方はぜひ確認してください。

SFTP
VSCode 画面から、保存時に設定されたサーバーにファイルをアップロード可能です。

Live Server
HTML のライブプレビューを行います。

Bracket Pair Colorizer
{}の関係を色分けします。

CodeSnap
本書のコードスクリーンショットに利用しています。

Section
04　サーバーの準備（ローカル環境で WordPress）

WordPress はサーバー側で動くソフトウェアです。そのため、WordPress のテーマカスタマイズや動作の確認には WordPress をインストールできるサーバー環境が必要です。

Local（ローカル）によるサーバー構築

　自分のコンピュータ（ローカル環境）にサーバー環境を作る方法として、WordPress 専用サーバーを運営する Flywheel 社が提供する「Local（ローカル）（https://localwp.com/）」がお勧めです。WordPressのホスティングサービス企業であるFlywheel社が開発しているだけあって、非常に使いやすく「Local」をインストールするだけで PHP や MySQL、最新の WordPress を一括でセットアップできます。

　本書では、サーバー環境の構築が簡単な「Local」を利用して WordPress の説明を進めます。他の方法で構築した WordPress でも使用方法は同じですが、サンプルコンテンツなどに多少の違いが発生する場合があります。

ダウンロードとインストール

　それでは、「Local（ローカル）」https://localwp.com/ のオフィシャルサイトでソフトをインストールして環境を構築しましょう。

↑「Local」オフィシャルサイト

❶ダウンロードボタンをクリックしてダウンロードを開始します。

❷「Local」の設置環境の確認。

　「Local」をインストールしたいコンピュータ環境を選んでください。

❸「Local」の設置環境を選択し、名前、メールアドレス、電話番号を入力したあとに［GET IT NOW!］ボタンをクリックしてください。

❹ファイルのダウンロードが始まります。

local-7.0.1-windo
ws.exe

↑Windows版のインストーラー

❺ダウンロードフォルダに保存された「Local」のインストールファイルを起動します。

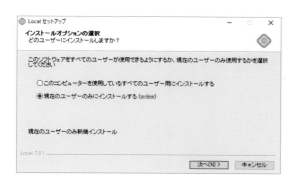

❻次はインストール対象ユーザーの設定画面です。

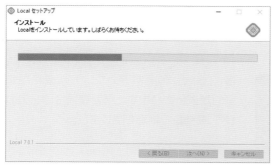

❼インストールの進捗バーが表示されます。

❽「Local」のインストールが完了しました。

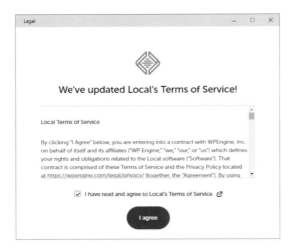

❾ 「Local」を起動して「サービース利用
規約」に同意します。

❿ 「Local」の無料アカウント作成を促す
画面が表示されます。不要な場合は右上の
［✕］を押して画面を閉じましょう。

⓫ 「エラー報告を有効にしてもいいです
か？」に許可か、不許可の設定を行います。

⓬「使用状況の報告を有効にしてもいいですか?」に許可か、不許可の設定を行います。

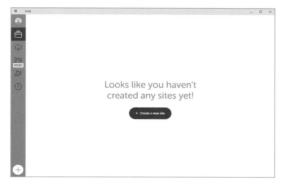

⓭ WordPress サ イ ト の 作 成 ボ タ ン([Create a new site])をクリックして、WordPress の最新バージョンのインストールに進みましょう。

⓮「Create new site」を選んで、右下の「Continue」ボタンをクリックします。

　他には、WordPress ファイルアップロードによる構築方法も用意されています。

⓯サイト名を入力してください。

　WordPress インストール完了後も変更可能です。入力例では "myTestSite" を入力しています。

⓰ PHP、WEB サーバー、MySQL の環境選択画面です。

通常は「preferred」（Local の設定）を選択したまま［Continue］ボタンをクリックしてください。

⓱ WordPress をセットアップするために必要な管理者（あなた）のユーザー名、パスワード、メールアドレスの入力です。

Local では疑似的にメールの送受信確認が可能ですが、メールアドレスの設定はそのままでも問題ありません。

［Add Site］ボタンをクリックしてください。

使用する PC 環境によっては、セキュリティソフトによる警告や、インストール許可を促す画面が表示されます。適宜内容を確認して許可してください。

●**主要な機能の説明**

❶ セットアップされた WordPress。ダブルクリックでサイトのフロントページが表示されます。

❷「Local」の所在です。WordPress は /app/public/ にインストールされています。

❸データベース情報と管理ツールの「Open Adminer(オープン・アドミナー)」へのアクセスが可能です。

❹ SMTP サーバーを模倣してローカル開発環境でメールテストを行う「MailHog」や、外部
　公開のためのツール「Live Link」などの設定が可能です。

❺「管理画面」を開きます。

❻サイトのフロントページが表示されます。

❼サイトのドメイン設定です。自由に変更できます。

❽現在の PHP のバージョンです。

❾現在の MySQL のバージョンです。

❿有効にすることによって管理画面へのログイン認証が不要となります。

⓫インストールされている WordPress バージョンです。

⓬ WordPress サイトの作成ボタンです。複数の WordPress を設置可能です。

構築環境の確認

「Local」に WordPress がセットアップされました。

❻「Open Site」のボタンをクリックしてサイトのフロントの表示、❺「WP Admin」ボタン
で WordPress「管理画面」（ログイン）を確認しましょう。

「Local」で立ち上げた WordPress のサイト URL は、http:// 設定したサイト名 .local/、管
理画面（ログイン）は、http:// 設定したサイト名 .local/wp-admin/ となります。

設定したサイト名（サイトドメイン）は変更可能です。

❶設定したユーザー名とパスワードを入力
して WordPress の「管理画面」を開きま
しょう。

❷「Local」でインストールした WordPress
は日本語に設定されていませんので、
Settings ➡ General ➡「Site Language」
のプルダウンで「Japanese」を選び、最
下部の「Save Changes」ボタンをクリッ
クしてください。

❸ボタンがクリックされたあとにページが
更新され、日本語化された管理画面が表示
されます。

🧁 より詳しく

XAMPP（ザンプ）と MAMP（マンプ）

　「Local」以外にも、「XAMPP」（https://www.apachefriends.org/）や「MAMP」（https://www.mamp.info/）といった従来のローカルサーバー環境構築ツールも利用できます。

　しかし、「XAMPP（ザンプ）」、「MAMP（マンプ）」は WordPress 専用のサーバー環境を構築するソフトではありませんので、構築には知識が必要となり、いったん障害が発生するとその障害を取り除くための知識や解消作業も必要となります。WordPress の習得を目的としているのか、サーバー構築を目的としているのか、わからなくなるなど初心者にはお勧めできません。

⬆「XAMPP」オフィシャルサイト

⬆「MAMP」オフィシャルサイト

Chapter

2

ブロックエディターに親しむ

　このChapter 2では、純粋なブロックテーマであるTwenty Twenty-Threeを利用してブロックエディターに親しみましょう。

Section
01 ブロックエディターに よるコンテンツ編集

この Chapter では、「ブロックエディター」によるコンテンツ編集の概要を説明します。次代の WordPress を担うエディタです。

　WordPress5.0 から導入された「**ブロックエディター**」は、2024 年に廃止予定の「クラシックエディター」に変わるエディタです。

　WordPress を初めて使う人には、少し難解な部分もありますが、ここでは実際に「ブロックエディター」の様々な機能に触れてみて、コンテンツの編集に親しみましょう。
　「ブロックエディター」の扱いに慣れることが、「ブロックテーマ」のカスタマイズや作成のスキルに繋がります。
　利用するテーマは「**Twenty Twenty-Three**」です。
　Chapter の前半ではコンテンツの修正や投稿、後半ではテーマのカスタマイズ方法を紹介します。

Twenty Twenty-Three とは

　「Twenty Twenty-Three」は 2023 年の WordPress デフォルトテーマとして、インストールされ、有効化されています。
　WordPress のデフォルトテーマは 2022 年にリリースされた「Twenty Twenty-Two」より、完全な「ブロックテーマ」として作られています。

　使用中のテーマは、**管理画面 ➡ テーマ ➡「エディタ」** 画面に表示されます。
　その中でも一番左上に表示されているのが、現在使用中の「テーマ」となります。
　他のテーマが選択されている場合は、「Twenty Twenty-Two」の「有効化」のボタンをクリックして、テーマを切り替えてください。

⬆VSCode

　「Twenty Twenty-Three」テーマに関しては、オフィシャルサイトに以下の説明が記されています。

　Twenty Twenty-Three は、WordPress 6.1 で導入された新しいデザインツールを活用するために設計されています。クリーンでまっさらなベースを出発点として、このデフォルトテーマには、WordPress コミュニティのメンバーによって作成された 10 種類の多様なスタイルバリエーションが含まれています。複雑なサイトでも驚くほどシンプルなサイトでも、同梱のスタイルから素早く直感的に作成したり、自分で作成して完全にカスタマイズしたりできます。

出所：https://ja.wordpress.org/　テーマディレクトリ説明より

　特徴としては、「FSE（フルサイト編集）」対応の「ブロックテーマ」で非常にシンプルなデザインです。見た目はシンプルですが、カスタマイズの自由度が高く、これ 1 つあれば様々なサイトデザインが可能な「テーマ」ともいえるでしょう。
※本書出版時には、「Twenty Twenty-Three」よりも上位バージョンのデフォルトテーマが添付されているでしょう。

　他のブロックテーマでも同様の考え方でカスタマイズ作業を進めることは可能ですが、利用できるパターンの種類の違いなどで混乱しないように注意してください。

サンプルコンテンツの確認

　実際に WordPress のサンプルコンテンツを編集する前に、「Twenty Twenty-Three」のテーマと、表示される各ページを確認しましょう。

※本書使用のサンプルコンテンツは、「Local」による英語コンテンツとなっています。

Ⓦ ホームページ

　「ホームページ」（サイトトップページ）を表示すると、ヘッダ部の左上にはサイトタイトル、右上にはメニューが配置されています。

　メインのページコンテンツ部分には、「Mindblown: a blog about philosophy.」「Hello world!」「Got any book recommendations?」と「Get In Touch」ボタンが目に入ります。

　また、フッター部には、左にサイトタイトル、右に「Proudly powered by WordPress」の文字が見られます。

　この「ホームページ」は、「投稿」や「固定ページ」としては存在しません。テーマの「テンプレート」に直接書き込まれているので、「ホームページ」を編集、保存することによってデータベースに「テンプレート」として更新されます。

　「ホームページ」の編集は、**Chapter 2 の 02 サイトエディターによるテーマ編集**で紹介します。

　testMySite　　　　　　　　　　　　　　　　　　　　　Sample Page

Mindblown: a blog about philosophy.

Hello world!

Welcome to WordPress. This is your first post.
Edit or delete it, then start writing!

September 12, 2023

Got any book recommendations?

Get In Touch

⬆ ホームページ

Ⓦ Sample Page

　右上のメニュー「Sample Page」を押して、内容を確認しましょう。こちらは、「固定ページ」となります。「ページタイトル」「段落」「引用」から構成されています。

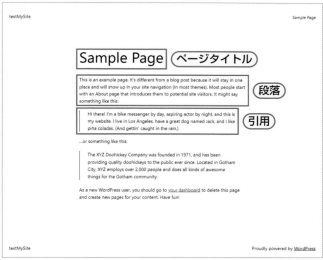

↑固定ページ

Hello world!

「ホームページ」へ戻り、「Hello world!」のタイトルをクリックして内容を確認しましょう。
こちらは、「投稿」のページとなります。「ページタイトル」と「段落」に短い文章があるだけです。
罫線の下には、コメントの入力フォームとコメント本文のサンプルも確認できます。

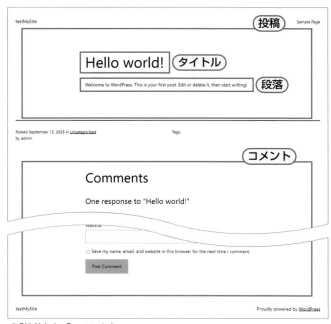

↑「投稿」と「コメント」

「ブロックテーマ」は、コンテンツとテーマの境界を感じさせない作りとなっています。

WordPress が初めての人や、これまでクラシックエディタやクラシックテーマに慣れ親しんだ人にとっては、この自由さに少し戸惑うかも知れません。

●「投稿」と「固定ページ」

コンテンツを自由に作成、編集するには、WordPress の「投稿」と「固定ページ」の違いを知る必要があります。

「投稿」と「固定ページ」の使い分けは、決められているわけではありませんが、適切に使い分けないと、思ったとおりの設定ができなかったり、不便を感じることが多くなるでしょう。

●「投稿」とは

「投稿」は、定期的にページを作成する必要のあるコンテンツに使用します。

ブログ記事のように、日々新たにページを追加するような内容に最も適しているといえるでしょう。

●「固定ページ」とは

「固定ページ」は、比較的変化の少ない内容の掲載に適しています。

例えば、企業サイトでは、会社概要、プライバシーポリシー、販売規約のページなどです。個人のサイトでは自己紹介ページなどにあたります。

ブロックエディターの概要確認

　WordPressで扱える「ブロック」の種類は多岐に渡りますが、今回「Twenty Twenty-Three」を利用して、幾つかの代表的な「ブロック」を紹介します。「Hello world!」の「投稿」から編集を行いますが、少しその前に、「ブロックエディター」の概要を確認しましょう。

↑「Hello world!」をクリックして編集開始

❶「投稿」の編集は、管理画面メニュー：**投稿 ➡ 「Hello world!」** のタイトルをクリックして開始です。

↑「ブロックエディター」の基本画面

❷画面が「ブロックエディター」に切り替わり、「Hello world!」の「投稿」が中央に表示されます。

❶「投稿一覧を表示」

　「投稿一覧を表示（管理画面）」へ戻るボタンです。

❷「インサーター」

　各種のブロックを挿入するための「ブロック挿入ツール（インサーター）」が表示されます。
もう一度クリックすると「ブロック挿入ツール」が非表示になります。

⬆インサーター

❸ツール切り替え

　編集ツールと選択ツールの切り替えを行います。

❹操作を戻す／やり直す

　行った操作の戻し［Ctrl+Z］と、やり直し［Ctrl+Shift+Z］，［Ctrl+Y］です。

❺ドキュメント外観

　「リストビュー」と「アウトライン」の2つのタブが表示されます。

●「リストビュー」

「ブロック」の階層構造を表示し、選択、ドラッグ & ドロップによる移動、「オプション」メニューによる操作（コピー、複製、スタイルのコピー&ペースト、グループ化（div や section でのラッピング）、削除）が可能です。

対象の「ブロック」を的確に操作するために、利用する機会の多いリスト表示です。初心者の方もぜひ利用しましょう。

⬆「リストビュー」

⬆リストビューの「オプション」メニュー

❻プレビュー

編集中のコンテンツをデスクトップ／タブレット／モバイルのデバイス状態でプレビューします。「新しいタブでプレビュー」を選択するとブラウザのタブを増やしてプレビュー表示します。

❼編集中のコンテンツをフロントで表示

ブラウザのタブを増やして、編集中のコンテンツをフロント画面でプレビュー表示します。

❽更新（保存）

編集中のコンテンツを更新（保存）します。[Ctrl+S] のショートカットが利用できます。

❾設定

「設定」をクリックすると右サイドバーが表示されます。サイドバーには「投稿」または「固定ページ」と「ブロック」のタブが表示されています。

↑「設定」のサイドバー　　　　　　　　　　↑「ブロック（メディアとテキスト）」の設定とスタイル

Ⓐ投稿／固定ページ（選択しているコンテンツによって表示が変わります）

URL、カテゴリー、アイキャッチ、コメント可否など、「投稿」または「固定ページ」としての設定を行います。

Ⓑブロック

現在選択している「ブロック」の設定項目が表示されます。選択しているブロックによってさらに「設定」や「スタイル」のタブが表示されます。

・設定

ブロックの基本的なプロパティ設定やアンカーの追加、CSS クラスセレクタの追加 などの設定を行います。

・スタイル

背景色、フォント、レイアウト、マージンやパディングなど、主に見た目に関する設定を行います。

⑩オプションメニュー

オプションメニューを表示します。メニュー項目の中でも代表的な3つの項目を紹介します。

◉トップツールバー

デフォルトの状態

トップツールバーを有効にした状態

⬆ツールバーをトップに表示

「ブロックツールバー」を「ドキュメント外観」の右側に表示します。

「ブロックツールバー」によって他の要素が隠れないので便利です。

◉「コードエディター」

「ビジュアルエディター」から「コードエディター」に切り替えます。**Chapter 3のオリジナル「ブロックテーマ」の作成**では頻繁に利用する機能です。

◉「設定」

⬆「設定」画面

アイコン表示がわかり難い、と感じたら文字表示に切り替えてみるのもよいでしょう。

「ボタンテキストラベルの表示」を有効にしてください。筆者は「常にリストビューを開く」を有効にして、デフォルトでブロックリストビューサイドバーを表示しています。

「設定」にはその他、「ブロックエディター」の設定項目が並びます。

「ブロックエディター」の使用に少し慣れたときに、再度確認するのもよいでしょう。

⑪「コンテンツキャンバス」

コンテンツの表示／編集画面です。「設定」のメニューによって「ビジュアルエディター」と「コードエディター」に切り替えが可能です。

⓬ブロックの階層表示

　地味に便利な「ブロックの階層表示」は、「ブロック」の階層構造を表示／選択できます。上位のブロックをクリックすることでアクティブにすることが可能です。

投稿を編集！

　それでは実際にコンテンツの編集を行ってみましょう。

　スクリーンショットは、「Hello world!」のビフォー＆アフターです。

　タブレットやスマートフォンの表示確認は行っていませんので留意してください。

　サンプルの文章や写真は本書提供素材を利用しています。

サンプルコンテンツ：サンプルコンテンツ /Chapter2/Chapter2_ サンプルテキスト.txt

⬆編集前の「投稿」

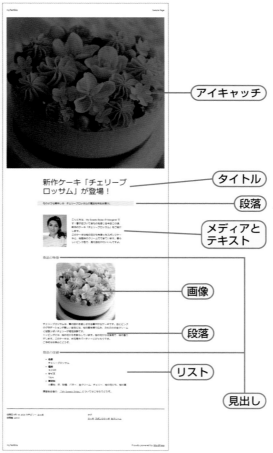

⬆編集後の「投稿」

アイキャッチ

タイトル

段落

メディアと
テキスト

画像

段落

リスト

見出し

タイトルの変更

"Hello world!" の文字は「投稿」の「タイトル」です。左右のサイドバーを開いて編集を進めましょう。

↑タイトルを変更

「タイトル」のスタイルはテーマによって決められているので、右サイドバーのブロックには何も表示されません。

本書で用意したサンプル文章を "Hello world!" の文字を選択して、ペーストすれば変更は完了です。

↑タイトルを変更

🧁 より詳しく

テキストのクリーンな貼り付け

タイトルへのペーストでは問題となりませんが、文章をペーストするときは、念のためコピー元のスタイルを反映させないために、プレーンテキストとして貼り付ける [Ctrl]+[Shift]+V でペーストする習慣を付けましょう。

Ⓦ段落

次は、「Welcome to WordPress. This is …」の段落を利用して文章を差し換えましょう。

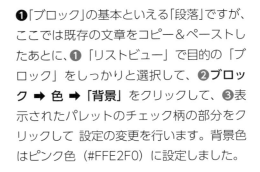

⬆段落の文章を変更

❶「ブロック」の基本といえる「段落」ですが、ここでは既存の文章をコピー＆ペーストしたあとに、❶「リストビュー」で目的の「ブロック」をしっかりと選択して、❷ブロック ➡ 色 ➡「背景」をクリックして、❸表示されたパレットのチェック柄の部分をクリックして 設定の変更を行います。背景色はピンク色（#FFE2F0）に設定しました。

⬆「パディング」を設定

❷初期設定の余白（パディング）が少し広すぎたので、サイズの❶ ［+］をクリックし、❷「パディング」を選択してください。

　パディングの設定項目がかくれているので、❸をクリックして表示させましょう。

　数値設定を行ために❹の「カスタムサイズを設定」アイコンを押して、上下の余白に 5px を入力しましょう。

ⓦ ブロックツールバー

　「ブロック」を選択すると、選択した「ブロック」上部に「ブロックツールバー」が現れます。「ブロックツールバー」は選択している「ブロック」によって、内容が変化します。ここでは「段落」ブロックを例に各項目を紹介します。

↑「段落」の「ブロックツールバー」

❶選択ブロック

　現在選択されているブロックのタイプを表示します。変更可能な他のブロックタイプが表示されます。

❷ドラッグ移動

　マウスによるドラッグ＆ドロップで、ブロックの場所を移動することができます。

❸クリックによる上下移動

　クリックすることによって、ブロックを上下移動することが可能です。

❹テキストの配置（文字寄せ）

　段落単位で、左寄せ／中央寄せ／右寄せが指定できます。

❺太文字

　選択文字を太文字に変更します。

❻イタリック

　選択文字をイタリック（斜体）に変更します。

❼リンク設定

　選択文字にコンテンツへのリンク、外部ページへのリンクを設定します。

❽さらに表示（その他の文字装飾）

　インライン画像、マーカー、上付き文字、打消し線など、その他の文字装飾を設定します。

❾オプション（メニュー）

左サイドバーに表示される「リスト」のオプションと同様の項目が表示されます。オプション（メニュー）の項目は、選択している「ブロック」によって変化します。

ここでは「段落」ブロックを例に説明します。

⬆オプション（メニュー）

Ⓐコピー

「ブロック」をコピー（[Ctrl+C]）します。ペーストは [Ctrl+V] です。ペーストするには、空の「段落」ブロックなどを作成、選択して行います。

Ⓑ複製

「ブロック」を複製します。

Ⓒ前に追加／後に追加

現在のブロックの前、または後ろに空のブロックを追加します。

Ⓓスタイルをコピー／スタイルを貼り付け

「ブロック」のスタイルをコピーします。また、コピーしたスタイルを「ブロック」にペーストしているパターンや同期パターンが変更されると、使用中のすべてのパターンが同期して変更されます。

E グループ化

選択している「ブロック」の上階層 (親) にタグ (デフォルトで div) を作成します。空のブロックを作成して、その中に移動して……といった操作が一度で行えます。複数のブロックを同時にグループ化することも可能です。

F ロック

「ブロック」の設定をロックし、変更不可とします。カスタマイズやテーマ作成のために、編集した「ブロック」にロックをかけると、他の人が間違って編集することを防げます。

G パターンを作成

「ブロック」をパターンや同期パターンとして作成保存します。参照されているパターンや同期パターンが変更されると、使用中のすべてのパターンが同期して変更されます。

H HTML として編集

コード編集のフォームに切り替わり、HTML としての編集が可能になります。

I 削除

現在の「ブロック」を削除します。

メディアとテキスト

次に、画像と文章を左右に配置する「メディアとテキスト」の「ブロック」を配置しましょう。

●各種用意された「ブロック」の追加方法

一般的な方法としては、左上やページ内にある [+] アイコンをクリックすると、「ブロック」が並ぶ「インサーター」が表示されます。

左サイドバーの「インサーター」や、選択しているブロックのメニューによる追加以外にも、既存の「ブロック」を選択すると直ぐ右下に [+] アイコンが現れます。

また、既存の「ブロック」間にマウスを移動させると現れる、[+] アイコンによる「インサーター」もあります。

⬆「インサーター」と「ブロック」追加ボタン

　ページ内に表示された「インサーター」に、目的の「ブロック」が表示されていない場合は、検索を行うか、「すべて表示」のボタンをクリックして、左のサイドバーに表示させましょう。

⬆ページ内に表示された「インサーター」

　選択しているブロックの「ブロックツールバー」の「オプション」メニューによっても、「前に追加」「後ろに追加」で、「ブロック」を選択ブロックの前後に追加することができます。

⬆選択ブロックの前後に「ブロック」を追加

　どの方法を使ってもよいのですが、「メディアとテキスト」ブロックの挿入では、少し違った方法を試してみましょう。

　「段落」の最終文字の後ろに文字挿入カーソルを移動させて、Enter キーを押すと、自動的に空の段落ブロックが下部に生成されます。
　続いて、その新しいブロックフィールド内に半角スラッシュ「/」を入力してください。ブロック検索が可能となりますので、"メディア"と入力してください。
　「メディアとテキスト」ブロックが表示されるので、Enter キーを押して確定しましょう。

⬆検索によるブロック挿入

　「段落」の直下に「メディアとテキスト」ブロックが配置されましたか。
　「ブロック」を思った場所に作成や移動できるスキルは、ブロックエディターを利用する上では非常に大切です。色々な方法が用意されているので、まずは自分が気に入った方法で「ブロック」を作成し、移動できるようにしましょう。

⤴配置された「メディアとテキスト」

　「メディアとテキスト」の「ブロックツールバー」に固有の項目を確認します。メディアやテキストを配置した後も設定可能です。

⤴「メディアとテキスト」ブロック

❶配置

「メディアとテキスト」の横幅を設定します（テーマの設定に依存します）。

❷垂直配置を変更

画像とテキストの上下の配置（上揃え／中央揃え／下揃え）を設定します。

❸メディアを左に配置

画像を左に、テキストを右に配置します。

❹メディアを右に配置

画像を右に、テキストを左に配置します。

●メディア（画像）とコンテンツの配置

メディア（画像）の配置は、❺メディアエリアの「アップロード」または「メディアライブラリ」
をクリックして画像を配置します。

❻右のコンテンツには、サンプルテキストの"こんにちは、My Sweets Styles の..."の文章
をペーストしてください。

本書では「メディアライブラリ」から画像を選択していますが、読者は「アップロード」ボタ
ンをクリックしてサンプルフォルダにある画像（Margaret.png）を選んでくだい。

↑「メディアライブラリ」から画像の選択

さらに画像の設定を行います。

❶「カラム全体を塗りつぶすように画像を切り抜く」を有効にし、❷画像の幅を少し狭めました。
表示される画像の中心は、❸「焦点ピッカー」の白い丸をマウスで移動させることによって変更
できます。

↑画像の調整により完成

❹「代替テキスト」は、alt に使用される文章です。画像の説明文を入力します。❺「解像度」は使用する元画像のサイズを指定します。「フルサイズ」はアップロードしたオリジナルの画像サイズです。その他の解像度は WordPress が自動生成した他のサイズ画像となります。❻「メディアの幅」では表示する画像幅を数値で設定可能です。

↑画像（メディア）の設定

Ⓦ見出し

見出の作成は、「見出し」ブロックの挿入です。

↑「見出し」ブロックの挿入

「リストビュー」の「メディアとテキスト」を選択して［Enter］キーを押すと、1 つ下に空のブロック（「段落」ブロック）が作成されます。

［+] を押して表示される「インサーター」から「見出し」を選択してください。

●ブロックの選択

リストのブロック選択は、2 度クリックすると青い枠線のついた移動選択になります。

［Enter] にキーによって「段落」を増やすには、通常のブロック選択で行ってください。

↑ブロックを選択

↑移動選択

　タグでいえば、<h1> から <h6> までの見出が選択できます。
　WordPress では、通常、ページタイトルとして <h1> が設定されているために <h2> 以降を使用するのがよいでしょう。

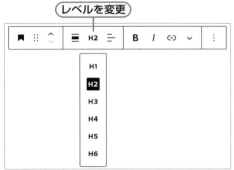

↑「見出し」の「ブロックツールバー」

　初期値は H2 が選択されているので、そのままでよいでしょう。
　見出しレベルの変更は「ブロックツールバー」で行います。

　最後に文字のサイズを設定し、色も少し薄く変更しました。
※好みの大きさに設定してください。

↑「見出し」の文字設定

　文字のサイズの変更は、❶をクリックして「カスタムサイズを設定」にして❷の単位の設定を文字の大きさの単位である em に切り替え、1.5 を入力しました。

ⓦ 画像

「メディアとテキスト」でも画像を配置しましたが、「見出し」の下には画像専用の「画像」ブロックを使用します。

空のブロック（「段落」ブロック）を作成し、「インサーター」から「画像」を選択してください。

「インサーター」に見当たらない場合は、[/] による検索、または「すべてを表示」でサイドバーから選んでください。

⬆「画像」ブロックの挿入

表示する画像（cherryBlossom.jpg）はアップロード、メディアライブラリからの選択の他、URL による選択も可能です。

⬆「画像」の配置

配置した画像の変更は、サイズ調整ハンドルを動かしてすこし小さく（**幅：450 ピクセル、高さ：自動**）設定しました。

❶数値による設定も可能です。

❷「クリックで拡大」を有効にすると、画像クリックにより画像がズームします。

↑挿入された「画像」の設定（画像サイズの変更）

「画像」の「ブロックツールバー」では、画像に関する基本的な設定が並びます。

↑「画像」の「ブロックツールバー」

❶デュオトーンフィルターを適用

　一般的に2色のみを用いて画像を表示するデュオトーンを適用します。プリセットされた色の他、カスタム色を作成できます。

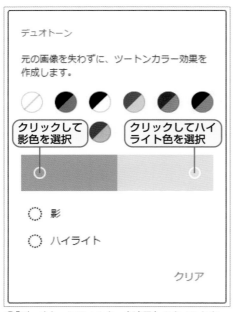

↑「デュオトーンフィルターを適用」のウィンドウ

❷配置

画像の配置と幅を指定します。「なし」と「幅広」の値は、使用するテーマによって変わります。画像の配置と幅に関してのより詳しい説明は、**カバーの設定（Chapter 2 の固定ページを編集！（77 ページ））** を確認してください。

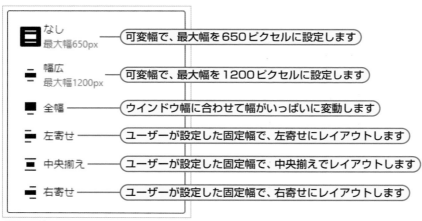

↑「配置」のウィンドウ

❸キャプションを追加

画像の下部にキャプション（短い説明文）が追加できます。

❹リンクを挿入

画像に対してリンクを設定します。

↑「リンクを挿入」のウィンドウ

Ⓐ URL で指定、または検索を利用して「投稿」や「固定ページ」にリンクします。

Ⓑ メディアライブラリのオリジナルのファイルにリンクします。

Ⓒ コメント機能付きの画像ページにリンクします。

❺切り抜き

画像に対して、大きさ、縦横比率、回転などの指定が可能です。

ズーム　縦横比率の設定　回転　編集を適用　編集キャンセル

↑「切り抜き」のウィンドウ

⑥画像上にテキストを追加

「画像上にテキストを追加」を選ぶと、ブロックは「カバー」ブロックに変更され、画像上に文字を配置することが可能となります。

「カバー」はバナー画像やヒーローイメージに適したブロックです。

※「カバー」ブロックの説明は、**Chapter2 の固定ページを編集！**（77 ページ）で行います。

⑦置換

現在使用されている画像を他の画像に置き換えることが可能です。

●画像のサイドバー「設定」と「スタイル」

●「設定」
Ⓐアスペクト比
画像の縦横比率設定してトリミングします。

❸幅と高さ

幅と高さを数値設定できます。

数値を削除すると「自動」の設定になります。

※幅と高さに任意の値を個別に設定すると、「伸縮」のボタンが表示され、CSS の cover または contain の設定が可能です。

❻解像度

サムネイル／中／フルサイズから選択します。

WordPress はアップロードされた画像を自動で縮小してサイズ違いの画像を生成します。

通常は「フルサイズ」を選択しましょう。

スマートフォンなどで撮影した画像などでサイズが非常に大きい場合は、「中」などの選択もよいでしょう。

表示される画像のクオリティを確認して決めましょう。

↑「設定」

●「スタイル」

「スタイル」の❶「角丸」ボタンをクリックすると、正円のスタイルが設定されます。

❷「枠線」の設定によって、画像に枠線を付けることができます。

↑「**角丸**」ボタンで正円に

こちらは最下部の❸「角丸」を設定した状態です。

「スタイル」の「角丸」よりも下部の「角丸」の設定が優先されます。

※「スタイル」の「角丸」は、コアの CSS、下部の「角丸」は、インライン CSS として記述されます。

↑「**角丸**」の数値設定で角丸に

線や角丸の設定は、「個別に指定する」アイコンをクリックして個別指定が可能です。

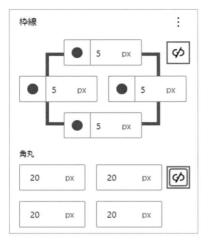
↑個別指定

　設定が複雑になってしまった場合は、3点リーダーをクリックして、必要な項目の「リセット」を行いましょう。

↑ややこしくなったら、「リセット」！

最終的に画像は、「配置」**中央寄せ**、「幅」**450px**、「クリックで拡大」**有効**、「角丸」**20px** に設定しました。

⬆**画像の設定が完了**

●画像の下に説明文や商品情報を追加

「画像」ブロックの下には、さらに「段落」を作成し、説明のために"チェリーブロッサムは…"の文章を入力しました。

　説明文の下には商品情報を加えます。見出しは、既に作成済の「見出し」❶ブロックを「複製」して❷マウスドラッグで移動しました。
　コピー［Ctrl+C］を行い、空ブロックを選択にペースト［Ctrl+V］して、内容を書き換えることも可能です。

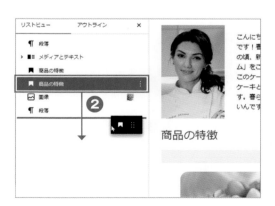

⬆**「複製」した「見出し」をマウスドラッグで移動**

2

ブロックエディターに親しむ

ⓦリスト

「投稿」の最後は「リスト」の配置です。

「リスト」は関連する項目をリスト状に配置したい場合に適しています。タグは番号なしリスト
<ul>、または番号付きリスト <ol> が挿入されます。

コピーした見出しブロックの後ろで [Enter] キーを押して、空のブロックを作成し、そこに
リストで使用する文章をペーストします。

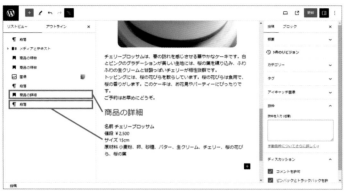

⬆️**画像の設定が完了**

次に、「段落」ブロックを「リスト」ブロックに変更して、あとはリストの構造を設定しましょう。

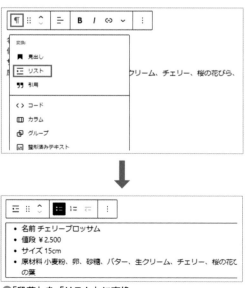

⬆️**「段落」を「リスト」に変換**

ここでは、各項目を太文字に設定し、項目の後ろで［Shift］＋［Enter］（段落を作成しない改行）を入力して改行しました。

「リスト」ブロックは、<ul> または <ol> と <li> によるタグで構成されます。そのため、リストとリスト項目を選択した際に「ブロックツールバー」の状態や設定が変化するので注意してください。

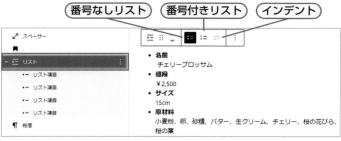

↑「リスト」選択時

「インデント」（字下げ）はリストやリスト項目が階層化したときに、設定可能となります。

↑「リスト」リスト項目選択時

69

リンクの設定

最下部には「段落」を作成し、「sample-page」にリンクを設定しました。

リンク先の設定は、❶検索窓に "sample" と入力し、❷表示された「固定ページ」の「sample-page」をクリックして設定しました。

「固定ページ」の「sample-page」は、**Chapter 2 の固定ページを編集！**（77 ページ）でコンテンツを差し換えて編集します。

※「固定ページ」の URL を変更した場合は、こちらのリンクも修正してくださいね。

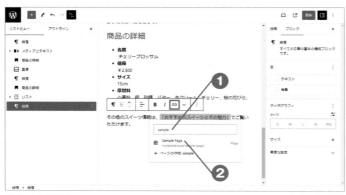

↑リンクの設定

スペーサー

「スペーサー」は「ブロック」間の距離を調整するには大変便利な「ブロック」です。見出しの下などに幾つかの「スペーサー」を配置して基本的な編集は完了です。

↑「スペーサー」ブロックの挿入

「スペーサー」の高さは **20 ピクセル**に設定しました。

⬆「スペーサー」の高さ設定

「スペーサー」は全部で 3 カ所挿入し、投稿ページのカスタマイズが完了しました。

⬆**配置した全「ブロック」**

Ⓦ 投稿の確認と設定

　ページのカスタマイズが完了したので、次に「投稿」コンテンツに関する設定を行います。

　サイドバーの「投稿」設定では、「投稿」の状態、スケジュール、カテゴリーなど重要な項目が設定できます。

●「投稿」設定（1/2）

❶表示状態

　「表示状態」のテキストリンク（公開／非公開／パスワード保護）をクリックすると、「表示状態」が設定可能なウィンドウが開きます。

　目的の状態を選んでください。初期状態は「公開」です。

●「カテゴリー」の作成／適用

❷公開

　「公開」の日付をクリックすると、公開日時が設定可能な「公開」のウィンドウが開きます。

　公開日時を選んでください。初期状態は「現在」です。

❸テンプレート

　「カスタムテンプレート」などの利用可能な「テンプレート」が存在する場合は、ドロップダウンリストに表示されます。

アイキャッチ画像 ⑪

抜粋 ⑫ ⌄

ディスカッション ⌃

⑬

☐ コメントを許可

☑ ピンバックとトラックバックを許可

⬆「投稿」設定（2/2）

④ URL

WordPress の初期設定では、「投稿」タイトルをもとに URL を生成します。日本語タイトルを設定すると、URL にも日本語が混在しますので、必要な場合は好みの文字に変更してください。

サンプルページではパーマリンクに、"cherry-blossom" を入力しました。

URL	×
パーマリンク	

cherry-blossom

URL の最後の部分。 さらに詳しく。⬀
投稿を表示

http://mytestsite.local/cherry-blossom/⬀

⬆「カテゴリー」の作成／適用

❺ブログのトップに固定

現在の「投稿」を投稿一覧の最上部に固定表示します。

❻投稿者

「投稿」者の設定変更が可能です。

❼下書きへの切り替え／ゴミ箱へ移動

現在の「投稿」を下書きへの切り替えやゴミ箱に移動することができます。

下書き中の「投稿」には、「ゴミ箱へ移動」が表示されます。

2

ブロックエディターに親しむ

❽リビジョン

過去に保存された状態があれば、「リビジョン」が表示され、保存された過去の内容に戻すことが可能です。

※ WordPress はデフォルトの状態で「投稿」を自動保存しますので、ユーザーが保存しなくても「リビジョン」は増えます。

↑「リビジョン」による変更ヒストリー

❾カテゴリー

「カテゴリー」の作成や管理の基本は、**管理画面メニュー：投稿 ➡ 「カテゴリー」**で行いますが、サイドバーからもその場で作成して適用することが可能です。

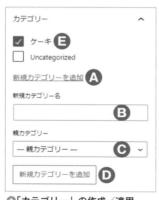

↑「カテゴリー」の作成／適用

「カテゴリー」の作成と適用は、Ⓐ「新規カテゴリーを追加」をクリックし、表示されたフォームのⒷ「新規カテゴリー名」に名前を入力し、Ⓓ「新規カテゴリーを追加」ボタンをクリックすると投稿のカテゴリー適用が完了します。

親カテゴリーの設定が必要な場合は、Ⓒ「親カテゴリー」から選んでください。

最後にⒺ作成された「カテゴリー」が選択されているかを確認して "Uncategorized（未分類）" のチェックを外してください。

本設定例では、新たに "ケーキ" の「カテゴリー」を作成して選択しました。

❿タグ

↑「タグ」の適用

「投稿」に適切なタグを自由に入力可能です。複数入力の場合は入力の度に［Enter］キーを押すか、半角カンマで区切りながら入力します。本設定例では、"スポンジケーキ,生クリーム,ケーキ"を設定しました。

⓫アイキャッチ

↑「アイキャッチ」画像

「投稿」の一覧などで表示される「アイキャッチ」画像の設定です。「アイキャッチ」画像は投稿のイメージを端的に伝えるために、有用ですが「投稿」単体の表示の際には最上部に表示されます。

標準機能では消せず、CSSによる非表示、プラグイン、テーマのカスタマイズなどによって対応します。

本設定例では、「アイキャッチ」画像に"商品の特徴"で使用した画像（cherryBlossom.jpg）を再度設定しました。

⓬抜粋

投稿個別にコンテンツの抜粋を入力します。WordPressでは初期値で**110文字（英語55文字）**が抜粋として表示されます。今回の編集では入力していません。

⓭ディスカッション

「投稿」個別の「ディスカッション（コメント）」設定となります。いったんコメントが許可され、既にコメントの付いた「投稿」からは消えません。その場合は、**管理画面メニュー：「コメント」** から不要なコメントを削除してください。

↑「コメント」を削除

サイト全体でのコメントの無効化は、**管理画面メニュー：設定 ➡ ディスカッション ➡「コメント」** で行います。

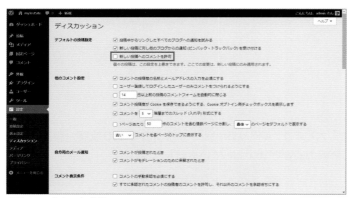
↑「コメント」の無効化

「投稿」に関する設定が確認できれば、"新作ケーキ「チェリーブロッサム」が登場！"のページが完了です。サンプルコンテンツには、あと2本タイトルと簡単な本文の記事を用意しています。余裕のある人はページを作成してみてください。

固定ページを編集！

ここからは「固定ページ」を例に、他の「ブロック」の編集方法を確認しましょう。

「固定ページ」は、すでに用意されている「Sample Page」を利用します。

管理画面メニュー：固定ページ ➡ 「Sample Page」 のタイトルをクリックして編集開始です。

同じ「固定ページ」の一覧には、下書きに設定された「Privacy Policy」もありますので注意してください。

　それでは実際に編集を行ってみましょう。スクリーンショットは、「Sample Page」のビフォー＆アフターです。「投稿」で紹介した機能に関しては、説明を割愛します。

↑編集前の「固定ページ」

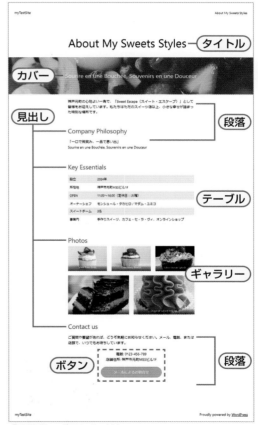

↑編集後の「固定ページ」

ⓦ タイトルの変更

まず、タイトルを "Sample Page" から "About My Sweets Styles" に変えましょう。

ⓦ カバーの設定

「About My Sweets Styles」のタイトルの文末にポインタを入れ、改行して「ブロック」を作成し「カバー」を選んでください。

「カバー」ブロックは、画像をバナーやヒーローイメージ（ホームページなどで大きくに表示される画像やビジュアルイメージ）として設置するのに適しています。

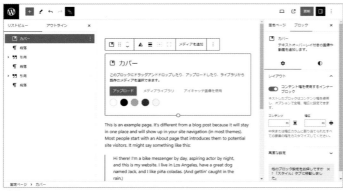

⬆「カバー」を配置

画像（fruitsCake.jpg）を選択、またはアップロードし、「タイトルを入力 ...」に "Sourire en une..." の文章を配置します。

「カバー」内には「段落」以外のブロックも配置可能です。

⬆「ボタン」なども配置可能

78

●配置

次の表は、画像の配置設定（テーマによる影響を受けます）です。

なし		テーマで設定されているコンテンツ幅 画像は 650 ピクセル
幅広		テーマで設定されている幅 画像は 1200 ピクセル
全幅		デバイス（ウインドウ）幅 CSS では object-fit: cover; が設定される

ⓦ 設定

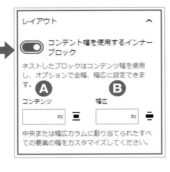

↑設定

❶レイアウト

「コンテント幅を使用するインナーブロック」を有効にすると、テーマに応じたブロックの最大幅を超え、ページ全体でコンテンツを広げることができるようになります。

Ⓐ「コンテンツ」の幅はブロック内の具体的な素材の幅を指す設定です。

Ⓑ「幅広」はブロック全体の外幅を指し、ページ内でのブロックの存在感を強調する設定です。

❷固定背景

画像を背景画像として固定します。

❸繰り返し背景

画像の繰り返し指定です。

↑スタイル

❹オーバーレイ

画像にオーバーレイ色（色の
ハーフトーン）を設定します。
「オーバーレイの不透明度」で、
画像を覆うオーバーレイの透明
度を設定します。

❺カバー画像の最小の高さ

画像の高さを設定します。「配
置」の設定による影響を受けま
す。

　本設定例では、「配置」：**全幅**、「オーバーレイ」色：**#FFCCD8**、「オーバーレイの不透明度」:30、
「カバー画像の最小の高さ」:**200px** に設定しました。
　「カバー」下の「段落」ブロックには、サンプルテキストから"神戸元町の心地よい..."の文章
をペーストしました。

↑「カバー」と「段落」の設定が完了

🅦 ブロックタイプの変換

　すでに存在している「ブロック」は他のタイプに変換可能です。ここでは、「引用」を「見出し」に変換したいのですが、「見出し」は表示されず類似の「ブロック」が表示されるだけです。

　そこで、❶「引用」をいったん❷「段落」に変換し、❸再度クリックすると、❹「見出し」が表示されるので、「見出し」ブロックに変換します。

※選択している「ブロック」によって上手くできない場合は、既存の「ブロック」を削除して、必要な「ブロック」
　を挿入しても問題ありません。

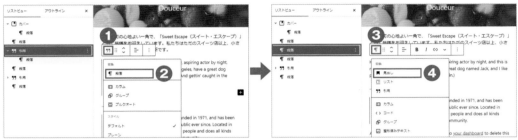

⬆「引用」➡「段落」➡「見出し」に変換

　「ブロック」を変換したあと、文字を差し換え、テキストの色、大きさを設定しましょう。

　「固定ページ」でも幾つかの見出しがあるので、編集後の「固定ページ」を参考にし、「ブロック」のコピーや複製を利用して効率よく配置してください。

　「見出し」の設定は、「色」テキスト:**#555555**、「タイポグラフィ」のサイズ:**2em** を設定しました。

⬆「見出し」が完成

2

ⓦ テーブル

表組みなどを行ってコンテンツを表示したい場合は、「テーブル」を利用するのがよいでしょう。

最初にカラム数と行数の入力を求められますが、作成後も自由に調整可能なので、正確な数字を入力する必要はありません。

挿入されるタグは <table> です。

"Key Essentials" の「見出し」の下に「テーブル」ブロックを挿入します。

↑「テーブル」ブロック

2列×6行のテーブルが挿入されます。手順は次のとおりです。

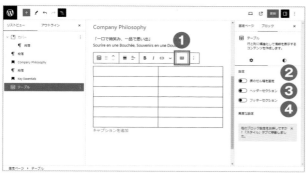

↑ 2列×6行のテーブルを設定

❶「表を編集」では、行と列の追加と削除が可能です。任意のセルを選択してください。

❷ セルの幅を固定します。

❸ テーブルヘッダーを設定します。

❹ テーブルフッターを設定します。

❺「スタイル」を**ストライプ**に、
❻文字の大きさは「S」を設定しました。テーブルの完成です。

⬆スタイルと文字サイズを設定

Ⓦギャラリー

「ギャラリー」は複数の画像を並べて配置する場合に役立ちます。画像の並び順や間隔も調整可能です。

⬆「ギャラリー」ブロック

❶アップロード

サンプルコンテンツの画像を「アップロード」で選択すると、アップロードした画像を元にあっという間にギャラリーの完成です。

[Shift] を押しながら複数の画像ファイルを一度に選択できますが、選択した順番に取り込まれるので、並びを意識して選択しましょう。取り込んだあとでも並び順は変更可能です。

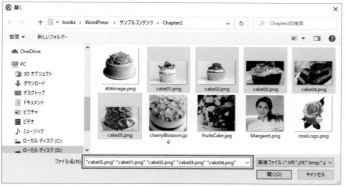

↑ファイルダイアログボックスで複数ファイルの選択

　キャプションは、画像を選択して「キャプションを追加」ボタンを押して、入力してください。

↑キャプションを入力

❷メディアファイル

　「メディアファイル」を選ぶと、アップロード済の画像から選択することが可能です。ファイルを選択した後に、「ギャラリーを作成」ボタンをクリックします。

↑「メディアライブラリ」でファイルを選択

　ギャラリーの設定画面では、「キャプション」の入力や、ドラッグ＆ドロップによる画像の並べ替えなどが可能です。

↑「キャプション」を入力

　いったん、作成した「ギャラリー」を編集するには、「追加」ボタンをクリックして「メディアライブラリを開く」を選んでサイド並べ替えを行います。

⬆「追加」ボタンで再設定

　「ギャラリー」ブロックの設定で大切なところは、❶「カラム（列数）」の設定です。画像の数で割り切れない数の場合は、画像が列をスパン（複数列にまたがって）して表示されます。❷「画像の切り抜き」を無効にするとオリジナル画像の縦横比で表示します。❸「ギャラリー」全体の背景色を設定できます。

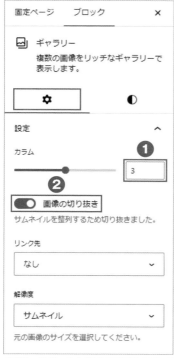

⬆「ギャラリー」に関する設定とスタイル

「ギャラリー」内の各「画像」の設定は、通常の「画像」設定と同様です。クリックした画像がズームするように「クリックで拡大」を有効にしました。

⬆️「クリックで拡大」を有効

Ⓦ ボタン

色やサイズ、リンク先を自由に設定できる「ボタン」ブロックは、ユーザーのアクションを促すボタンが簡単に設置できます。

"Contact us" の項目では店舗住所の下にボタンを作成しました。

ボタンの❶リンクには、❷ mailto: をメールアドレスに付け、メーラーが起動するように設定しました。

⬆️「ボタン」ブロック

ボタンのスタイルは、❸ボタンは中央に配置し、❹文字色を白、❺背景色はピンク、❻形状は角丸にして完成です。

⬆「ボタン」のスタイルを調整して完成

簡単なレイアウトですが、既存の固定ページをカスタマイズした「About My Sweets Styles」が完成しました。気になる部分は、ぜひ手を加えてみてください。

02 サイトエディターによる テーマ編集

「サイトエディター」は、「ブロックテーマ」作成と編集に特化したエディターです。
「サイトエディター」の最大の特徴は、サイトの各構成要素を「ブロック」として一元管理できることです。

　「サイトエディター」の使い方は、「ブロックエディター」と基本的に同じで、テーマの編集も「投稿」や「固定ページ」の編集と同様にブロックを使って行うことができます。

　「ブロックエディター」に慣れている人にとっては非常に扱いやすいエディターといえます。

　逆にテーマ編集とコンテンツ編集の境界が曖昧になり、初心者にとっては混乱の原因ともなるでしょう。

　ここでは「Twenty Twenty-Three」テーマを例に、「サイトエディター」を使ってテーマ編集の基本を体験してみましょう。

　なお、説明に使用する「Twenty Twenty-Three」は、前節でカスタマイズされた「Twenty Twenty-Three」テーマとなります。

　「サイトエディター」の基本は、**Chapter 3 のオリジナル「ブロックテーマ」の作成**において必要な知識となります。

Twenty Twenty-Three のテーマ構造を確認

　それでは、「Twenty Twenty-Three」を例に「ブロックテーマ」の基本構造を簡単に紹介しましょう。

　テーマの編集は、**管理画面メニュー：外観** ➡ Twenty Twenty-Three の **「エディター」**、またはテーマサムネールの **「カスタマイズ」** をクリックしてください。

🧁 より詳しく

クラシックテーマとブロックテーマの見分け方

　現在、WordPressのテーマには、「ブロックテーマ」、「クラシックテーマ」、「ハイブリッドテーマ」の3種類があります。初心者が「ブロックテーマ」の作成を学ぶためには、純粋な「ブロックテーマ」が確認できなければなりません。

　ここでは、簡単な「クラシックテーマ」と「ブロックテーマ」の見分け方を紹介します。

　インストールして有効化した外観のテーマの下に、「エディター」が表示されていれば「ブロックテーマ」です。

🔼 純粋な「ブロックテーマ」には「エディター」の項目がある

　管理画面メニュー：外観 ➡ 「新規追加」で「ブロックテーマ」のフィルターをクリックすると「ブロックテーマ」としてリリースされているテーマが並びます。しかし、この中には、ハイブリットテーマ（クラシックテーマとブロックテーマの混合）が含まれているので注意してください。

🔼 「ブロックテーマ」を表示

⬆「エディター」をクリックして「サイトエディター」へ

　「サイトエディター」の「デザイン」画面が表示されました。左サイドバーにはオプション項目が並び、右パネルのコンテンツエリアにはサイトのトップページ（「表示設定」で選択したホームページ）が表示されます。

　クリックすることによって画面が切り替わる「サイトエディター」は「ブロックテーマ」の編集が初めての人にとっては、目的の機能を見失ったりして混乱することも多いでしょう。
　「サイトエディター」の全体像を確認したあとに、実際のカスタマイズで少しずつ理解を深めてください。

⬆右パネルにホームページが表示された「サイトエディター」

　コンテンツエリアの任意の場所をクリックすると、左サイドバーが隠れ、右サイドバーに「設定」が開きます。

↑右サイドバーが現れた「サイトエディター」

❶ナビゲーション

　「ナビゲーション」を選択すると「ナビゲーション」（メニュー）の編集画面が表示されます。

Ⓐオプションのメニューでは、ナビゲーション項目の名前変更／複製／削除が可能です。
Ⓑ鉛筆のアイコンボタンをクリックすると、現在のナビゲーションの編集画面になります。
　「Twenty Twenty-Three」では、Ⓒ「About My Sweets Styles（sample-page）」への
　リンクが1つだけ設定された「Navigation」が表示されています。
　ナビゲーションは複数作成することが可能です。

↑「ナビゲーション」画面

❷スタイル

「スタイル」では、「Twenty Twenty-Three」のテーマで設定されている、利用可能な背景色、文字色、リンク設定などのバリエーションが並びます。

Ⓐ「スタイルブック」で利用可能なスタイルのプレビューが確認可能です。

Ⓑ「スタイルブック」の編集を行います。

↑「スタイル」画面

❸固定ページ

「固定ページ」では、「固定ページ」として作成されているコンテンツが表示されます。
「管理画面」のメニューにある「固定ページ」からの編集と同様の操作が可能です。

Ⓐ［＋］アイコンボタンをクリックすると「新規ページの下書き」により下書きを作成できます。

Ⓑテンプレートを含めた「固定ページ」の編集が可能です。

↑「固定ページ」画面

❹テンプレート

「テンプレート」では「テーマ」を構成する HTML テンプレートが表示されます。
テーマ作成や編集の中心となるファイルです。

Ⓐ [+] アイコンボタンを押すと「テンプレートを追加」画面が開き、各種の「テンプレート」が追加できます。

Ⓑ 「テンプレート」の一覧には現在作成されている「テンプレート」が並びます。

Ⓒ 「すべてのテンプレートを管理」では「テンプレート一覧」が開き、現在「Twenty Twenty-Three」に存在する「テンプレート」のタイプ／追加者／更新状態などが確認できます。

⬆「テンプレート」画面

Ⓒ-1 テンプレート名を押すと「テンプレート」の編集画面に移動します。

Ⓒ-2 「新規テンプレートを追加」ボタンを押すことによって、新たな「テンプレート」が作成可能です。

⬆「すべてのテンプレートを管理」画面

❺パターン

「パターン」には、現在のテーマで使用可能な既存の「パターン」、ユーザー作成の「パターン」が表示されます。「同期パターン」、「非同期パターン」をフィルタによって一覧することが可能です。

 Ⓐ利用可能なすべてのパターンを表示します。フッター／注目／投稿などの分類表示も可能です。

 Ⓑ「テンプレートパーツ」は「テンプレート」で使用されるパーツのようなテンプレートです。

 Ⓒ「マイパターン」の一覧を表示します。「マイパターン」はユーザーによる作成、編集登録されたレイアウトの部品です。

 Ⓓ「テンプレートパーツ」の一覧を表示します。

 Ⓔ「すべて」は同期、非同期両方のパターンを表示します。

 Ⓕ「同期」は「同期パターン」を表示します。

 Ⓖ「非同期」は「非同期パターン」を表示します。

⬆「パターン」画面

🅦 テーマの構造

テーマの作成やカスタマイズには、WordPress のテーマ構造に関しての知識が必要です。ここでは、WordPress のテーマ構造の基本を確認します。

●ポイント1

> WordPress の「テーマ」は、複数の「テンプレート」によって組み立てられています。「テンプレート」＝1つのページ状態です。
> 各「テンプレート」は「テンプレートパーツ」、「パターン」によって構成されています。「テンプレートパーツ」、「パターン」は「ブロック」によって構成されています。

テンプレート

| テンプレートパーツ | ブロック |

| 非同期パターン | ブロック |

| ブロック |

| ブロック |

同期パターン	ブロック
	非同期パターン
	ブロック

| テンプレートパーツ | ブロック |
| 同期パターン | ブロック |

⬆テンプレート、テンプレートパーツ、ブロックの関係

●ポイント2

「サイトエディター」によるテーマ編集内容はデータベースに保存されるため、実際のファイルには反映されません。

　このChapterで紹介するテーマ編集は、「サイトエディター」のみで行い、データベースに保存されます。実際のファイルには変更が加わらないことに注意してください。

●ポイント3

「テーマ」の作成やカスタマイズには、「テンプレート階層」「functions.php」「theme.json」などのWordPressに固有の知識が必要です。

　本書では全体像を把握するために、簡単に紹介しますが、より高度なカスタマイズやテーマ制作には、WordPressに関する十分な知識が必要になります。

テーマを編集！

　今回、「Twenty Twenty-Three」テーマで編集する対象は、以下の「テンプレート」や「テンプレートパーツ」となります。

　CSS による設定で対応可能なものも含まれますが、「テーマ」を編集することによって対応します。

変更項目	サイトエディターでの名称
テンプレートパーツ	
・サイトのタイトルとサイトロゴの設定	ヘッダー
・メニューの追加	
・タイトル文字の大きさを調整とアイキャッチの非表示	
・コピーライト／ WordPress 表記修正	フッター
テンプレート	
・ページレイアウト幅の変更	ブログホーム
・404 ページの文言修正	404

Ⓦ 完成ページ

　カスタマイズは、「ブログホーム」「404 ページ」が対象となります。

↑ブログホーム

↑404 ページ

ⓦ テンプレートパーツ

　「テンプレートパーツ」は「テンプレート」を構成する"部品"です。まずは「テンプレートパーツ」から修正しましょう。

●ヘッダー

　「サイトのタイトルとサイトロゴの設定」「メニューの追加」「アイキャッチ、タイトルの非表示」を行います。

　「サイトエディター」で「パターン」を選び、「テンプレートパーツ」から❶「ヘッダー」をクリックして、❷右パネルに表示された「ヘッダー」をクリックします（「Twenty Twenty-Three」の「ヘッダー」テンプレートパーツには、「ヘッダー」が1つだけあります）。

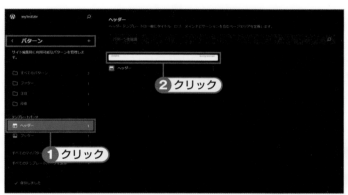

⬆「パターン」の「ヘッダー」をクリック

　開いた「ヘッダー」テンプレートパーツの❸鉛筆アイコンか、任意の場所をクリックしましょう。

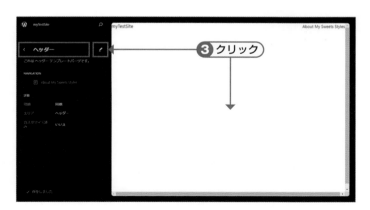

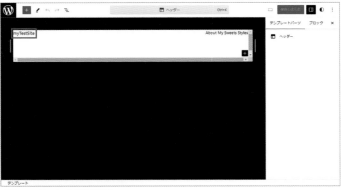
↑「ヘッダー」の編集状態

●サイトのタイトルとサイトロゴの設定
◉サイトタイトルの変更

「Twenty Twenty-Three」のヘッダーには、左にサイト名が表示されます。

サイト名は「サイトのタイトル」ブロックが使用されていますので、マウスでクリックして「My Sweets Styles」に変更します。

↑「サイトのタイトル」を変更

●サイトロゴの設定

サイトロゴの設定には、「サイトロゴ」ブロックを使用します。

「ブロック」の挿入は簡単ですが、「サイトロゴ」を「サイトのタイトル」の横に並べるためには、サイトのタイトルとナビゲーションを含めた構造を変更する必要があります。

リスト表示で確認すると、「横並び」ブロックの中に「サイトのタイトル」と「ナビゲーション」があります。

「横並び」ブロックは、「ブロック」を横に並べて表示する「ブロック」です。

↑「ヘッダー」のリスト表示

この中に「サイトロゴ」ブロックを直接配置すると、3つのブロックが横に並んでしまいます。そこで、もう1つ「横並び」ブロックを作成し、その中に「サイトロゴ」と「サイトのタイトル」を配置します。

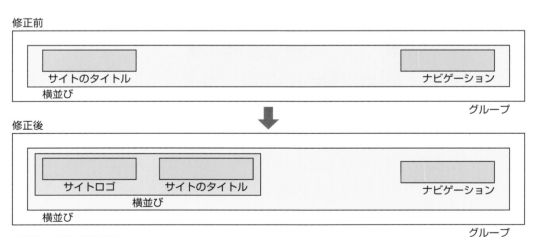

↑「ブロック」構造の修正

いきなり、目的の場所に「横並び」や「サイトロゴ」ブロックを作成するのは難しいので、適当な場所に「横並び」と「サイトロゴ」を挿入しましょう。

⬆「横並び」と「サイトロゴ」の追加

　筆者の手順としては、まず追加した「横並び」の中に「サイトロゴ」と「サイトのタイトル」を移動させました。
　そして、完成した「横並び」を「ナビゲーション」の上に移動しました。
　ブロックの移動は、マウスのドラッグ＆ドロップで可能です。

⬆完成した「ヘッダー」構造

　「ヘッダー」のブロック構造が完成したので、ロゴ画像（roseLogo.png）を、❶「サイトロゴ」のアイコン、または❷「メディアを追加」ボタンをクリックして追加します。

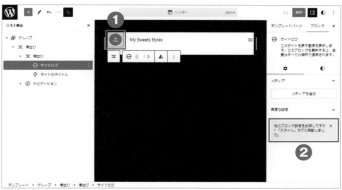

⬆**画像の読み込み**

　配置したサイトロゴの画像の設定です。

　❸幅は **75 ピクセル**に設定しました。
　❹「画像にホームへのリンクを付ける」は、サイトロゴの画像をクリックするとホームページへ遷移する設定です。
　❺「サイトアイコンとして使用する」は、「サイトロゴ」に設定した画像を「サイトアイコン（ファビコン）」としても使用する設定です。

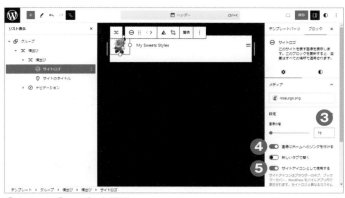

⬆**完成した「ヘッダー」構造**

サイトアイコンを独自に設定

　サイトのアイコン（ファビコン）はブラウザのタブやブックマークのアイコンなどに使用されます。アイコンに使用する画像サイズは **512 × 512 ピクセル**以上の正方形ファイルが推奨されています。

　「サイトロゴ」と違った画像を「サイトアイコン（ファビコン）」として設定したい場合は、「サイトアイコン設定」のリンクをクリックして「サイト基本情報」から設定しましょう。

　なお、「サイト基本情報」のページを直接開きたい場合は、http:// サイト URL/wp-admin/customize.php となります。

⬆「サイト基本情報」で「サイトアイコン」の設定

●メニューの追加

「Twenty Twenty-Three」に設定されている初期のナビゲーションは、「固定ページ」へのリンク１つだけです。この「ナビゲーション」に「投稿」一覧のメニュー項目を増やしましょう。

「ナビゲーション」ブロックが選択されていることを確認してください。

次に❶「ブロックを追加」ボタンをクリックして、❷表示された「インサーター」の検索窓に"カテゴリー"と入力します。❸表示された「カテゴリーリンク」をクリックして挿入しましょう。

⬆「カテゴリーリンク」を挿入

「カテゴリーリンク」ブロックが挿入されたら、リンクするカテゴリーを選んでください。ここでは、新たに作成したカテゴリーの「ケーキ」を選択します。

⬆「ケーキ」カテゴリーを選択

メニューに「ケーキ」カテゴリーへのリンクが確認できました。プレビュー画面でリンクをクリックして、「ケーキ」カテゴリーの表示を確認してください（現在、「ケーキ」カテゴリー設定しているページは１つです）。

⬆「ケーキ」カテゴリーへのリンクメニュー

●タイトル文字の大きさを調整、アイキャッチの非表示

WordPress のテーマに対して CSS の設置方法は幾つかありますが、ここでは最も簡単な方法を試してみましょう。

「カスタム HTML」ブロックは、HTML を自由に記述できる大変便利なブロックです。このブロックを CSS の記述に利用します。

●タイトル文字の大きさを調整

「投稿」ページと新たに表示されるカテゴリー一覧のページタイトルは、少し大き過ぎますね。

「タイトル」文字は、＜h1＞の見出しが設定されています。この文字の大きさを、CSS で少し小さく調整しましょう。

⬆「ケーキ」カテゴリーへのリンクメニュー

HTML ファイルへ＜style＞＜/style＞タグを記述し、エンベッドタイプで CSS を入力します。「カスタム HTML」ブロックは、念のため他のブロックより一番上へ移動させましょう。

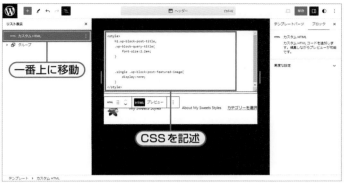

↑CSS を記述

「投稿」のタイトルは、<h1> に対して wp-block-post-title クラスが添付されています。一方、カテゴリーの一覧表示のタイトルは、<h1> に対して wp-block-query-title です。この 2 つの見出し文字の大きさを少し小さく設定しましょう。

●アイキャッチの非表示

「アイキャッチ」は「投稿」などの一覧表示では、記事内容をイメージ付ける大切な要素です。しかし、「投稿」単体のページでは、ページの上部に大きく表示されて少しじゃまです。CSS で非表示に設定しましょう。

wp-block-post-featured-image はアイキャッチ画像を包む <figure> のクラスとなります。「投稿」単体のページでのみ非表示にしたいため、<body> に添付される single クラスを加えセレクタを設定しました。

入力する CSS コードは、以下となりました。

```
<style>
    /*h1文字サイズの調整*/
    h1.wp-block-post-title,
    .wp-block-query-title{
        font-size:2.2em;
    }

    /*アイキャッチ画像の非表示*/
    .single .wp-block-post-featured-image{
        display:none;
    }
</style>
```

↑入力した CSS コード

メニューの「ケーキ」をクリックしてカテゴリー覧ページを確認してください。見出し文字が小さく表示されています。

⬆見出しを小さく表示

画像をクリックして投稿ページを確認してください。アイキャッチ画像が非表示に設定されています。

⬆アイキャッチ画像を非表示

より詳しく
HTML LS に準拠した CSS

　<style></style> を <body> 内に記述することは HTML5 では許されていたのですが、HTML5 が廃止されたあとに標準となった、HTML LS（HTML Living Standard）では非推奨となっています。

　本書では、設定の結果を簡易に体験するための方法として <body> 内に CSS を記述しています。

　HTML LS に準拠した記述としては、functions.php や JavasScript による <head> 内での読み込みが推奨されます。

　以下のコードは、<head> 内に CSS を生成する JavasScript 例です。「カスタム HTML」ブロックへの記述が可能です。

```
<script>
    var style = document.createElement('style');
    style.type = 'text/css';
    style.innerHTML = `
      h1.wp-block-post-title,
      .wp-block-query-title{
        font-size: 2.2em;
      }
      .single .wp-block-post-featured-image{
        display: none;
      }
    `;

    document.head.appendChild(style);
  </script>
```

ⓦ検証ツールを使いこなす

　WordPress のカスタマイズに限らず、WEB サイト制作ではセレクタの確認、プロパティ、値の作成や検証は大切です。

　Chrome の「デベロッパーツール」は多機能な WEB ページの確認、検証ツールです。多機能なため、初心者は利用をためらいがちですが、一部の機能を利用するだけでも WEB ページの開発、特に CSS におけるレイアウト作業と、JavaScript のデバッグにとっての大きな手助けとなるツールです。

　"アイキャッチの非表示"を例に、順を追って説明します。

　基本の流れは以下となります。

❶ブラウザより要素を選び、「デベロッパーツール」でセレクタを確認する
❷セレクタを精査し、値を設定してプレビューを確認する
❸ CSS を「カスタム HTML」へコピー＆ペーストする

● 1. ブラウザより要素を選び「デベロッパーツール」でセレクタを確認

　「デベロッパーツール」の起動方法には幾つかの方法が用意されています。

　ここでは、筆者がお勧めする"起動から目的の場所を直接フォーカスする"方法を紹介しましょう。

　まず、❶調べたい要素の上でマウスの右ボタンをプレスします。

　次に❷コンテキストメニューの一番下に表示される「検証」を選びます。

　この方法によってブラウザ画面で選択した要素からいち早く、Chrome の「デベロッパーツール」で対応する「Elements（HTML コード）」を表示可能です。

※その他一般的な「デベロッパーツール」の起動方法としては、ブラウザメニューからやショートカット [Ctrl]+[Shift]+[I] で可能です。

↑マウスの右ボタン➡「検証」で「デベロッパーツール」を起動

「デベロッパーツール」の「検証」画面が表示されると、右側の表示領域（ペイン）にはマウスで選択されていた場所の HTML とセレクタに対応した CSS が表示されます。

❸「エレメンツ」画面上でマウスを移動させると、対象の要素がプレビュー画面上で表示されます。

❹「ページ内の要素を選択して検査」のボタンをクリックすると、プレビュー画面上で選択した要素に対応したエレメントが選択できます。

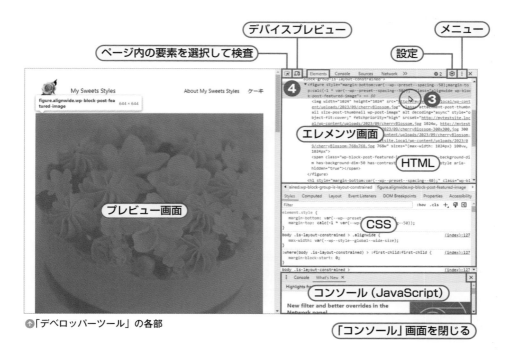

↑「デベロッパーツール」の各部

表示が狭く扱いづらい場合は、メニューからウィンドウの分離アイコンをクリックしてウィンドウを分離して作業しましょう。

↑「デベロッパーツール」を分離

新しいスタイルルール（＋ボタン）

CSS 画面の右上にある［＋］ボタンはとても便利です。

❶要素部分を選択した状態で、❷［＋］ボタンを押すと、選んだ要素に適用できる❸ CSS セレクタが作成されます。

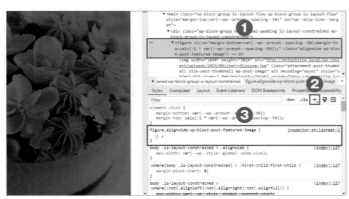
↑新しく CSS ルールを作成

●2. セレクタを精査し、値を設定してプレビューを確認

要素の非表示の CSS は、**display: none;** です。入力を始めると候補が表示されますので、ミスも少なく入力が可能でしょう。

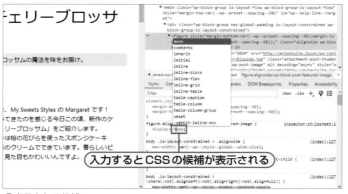

↑表示される候補

　入力された値はリアルタイムでブラウザの画面に反映されます。アイキャッチが非表示になったことを確認しましょう。

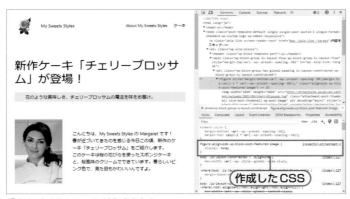

↑新しく CSS ルールが作成された

　作成された CSS セレクタは、<figure> に alignwide クラスが添付されて少し複雑でしたので、❶不要と思われる部分を削除しました。

```
figure.alignwide.wp-block-post-featured-image {
    display: none;
}
        ↓
.wp-block-post-featured-image {
    display: none;
}
```

❷チェックボックスをクリックすると、CSSの有効／無効を切り替えてプレビュー確認が可能です。念のため確認しておきましょう。

↑作成した CSS を確認

有効なクラスは上手く見つけることができましたが、これだけでは「投稿」の一覧表示のアイキャッチも非表示となってしまいます。これを避けるために、「投稿」の個別ページ表示（シングルページ）のときだけ非表示に設定します。

「投稿」の個別ページの <body> には、single のクラスが添付されます。こちらのクラスを加えて、最終的なセレクタとしました。

"投稿の個別ページ表示のときのアイキャッチ画像だけを非表示に設定"するといった CSS 設定となります。

```
.wp-block-post-featured-image {
    display: none;
}

        ⬇

.single .wp-block-post-featured-image {
    display: none;
}
```

●3. CSS を「カスタム HTML」へコピー＆ペースト

「デベロッパーツール」で作成した CSS は、もちろん仮の CSS です。ブラウザをリロードすると設定はなくなってしまうので、セレクタ内でマウス右ボタンをプレスして「Copy rule」でコピーした値を「テーマ」の CSS ファイルにペーストしましょう。

より詳しく
管理画面プレビューで注意！

　管理画面でのサイトプレビューは非常に便利なのですが、Chrome の検証機能やソースを調べる場合には注意してください。

　管理画面でのサイトプレビューは管理画面の HTML ページに <iframe>（インラインフレーム）内によって WordPress サイトが読み込まれた状態となっています。

　HTML が少し複雑になっていることはもちろんですが、CSS のセレクタなども読み間違えないように注意しましょう。

フッター

●WordPress 表記修正

　フッターの修正は、ヘッダーと同様に「サイトエディター」で「パターン」を選び、「テンプレートパーツ」から「フッター」を選んてください。

　フッターの右には、「Proudly powered by WordPress」の文字があります。こちらを「© 2024 My Sweets Styles」に変更してみましょう。

　鉛筆アイコンか任意の場所をクリックし「テンプレートパーツ」の編集を始めましょう。

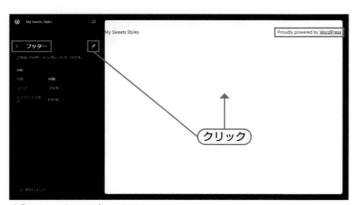

↑「フッター」テンプレートパーツ

　© の記号は、そのまま使用しても可能ですが、ここでは念のために実体参照を使用します。コピーライト記号は文字実体参照で、**©** です。オプションのメニューから「HTML として編集」を選択します。

⬆「HTML として編集」

不要な文字とタグを削除して、© 2024 My Sweets Styles に置き換えました。

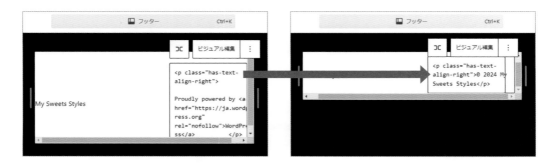

修正前

```
<p class="has-text-align-right">
            Proudly powered by <a href="https://ja.wordpress.org"
 rel="nofollow">WordPress</a>
</p>
```

修正後

```
<p class="has-text-align-right">&copy; 2024 My Sweets Styles</p>
```

編集後は「ビジュアル編集」のボタンをクリックして、「© 2024 My Sweets Styles」の表示を確認しましょう。

⤴フッターの完了

⤴より詳しく

ソーシャルアイコン

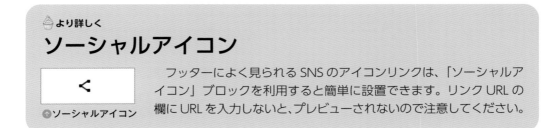

⤴ソーシャルアイコン

フッターによく見られる SNS のアイコンリンクは、「ソーシャルア
イコン」ブロックを利用すると簡単に設置できます。リンク URL の
欄に URL を入力しないと、プレビューされないので注意してください。

Ⓦテンプレート

●ブログホーム

　次はページ本体のひな形となる「テンプレート」の修正です。まずは、ホームページの表示に
使われる「ブログホーム」のテンプレートです。

　「ブログホーム」のテンプレート編集は、**サイトエディター ➡ テンプレート ➡ テンプレート
➡「ブログホーム」**を選んでください。

※「サイトエディター」の初期画面では、すでに「ブログホーム」が表示されています。

⬆「ブログホーム」テンプレート

●文言の変更

WordPressのカスタマイズでは、目的の文章や画像といったコンテンツが「投稿」「固定ページ」「テンプレート」「テンプレートパーツ」などの、どれに書かれているかを見つける必要があります。

"Mindblown: a blog about philosophy." の見出しは、「投稿」や「固定ページ」ではなく「ブログホーム」のテンプレートに直接書かれています。

同様に "何かおすすめの本はありますか？（Got any book recommendations?)" や "お問い合わせ（Get In Touch)" のボタンも「ブログホーム」のテンプレートに書かれています。

"Mindblown: a blog about philosophy." を、"甘さと心地よさ、シナジー。" に差し換えましょう。

❶"何かおすすめの本はありますか？" と "お問い合わせ" のボタンが含まれている「カラム」と「スペーサー」ブロックも不要なので、2つのブロックを [Shift] を押しながら選択し、❷メニューから削除を選びます。

この操作は「ブロック」の編集、移動、削除などの操作は、間違いなく選択できるように「リストビュー」や「ブロックの階層表示」での選択がお勧めです。

⬆不要なブロックを削除

🧁 より詳しく
ホームページ設定

管理画面メニュー：設定 ➡ 表示設定 ➡「ホームページの表示」は、サイトホーム（サイトのトップページ）にアクセスがあった時、どのような状態でコンテンツを表示するかといった設定で、この部分の設定によりサイトホームに使用されるコンテンツが決められ重要な設定です。

● 設定バリエーション

サイトホームと「投稿」の一覧を、どの固定ページに表示するかを決めます。

設定1（初期設定）

「最新の投稿」を選択
ホームページに最新の「投稿」を10件を表示する。

設定2

「固定ページ（以下で選択）」を選択
・ホームページ：サイトホーム
・投稿ページ：－選択－

「固定ページ」の「サイトホーム」をホームページとして表示する。

設定3

「固定ページ（以下で選択）」を選択
・ホームページ：サイトホーム
・投稿ページ：－選択－

「固定ページ」の「サイトホーム」をホームページとして表示する。
「固定ページ」の「ブログの一覧」に「投稿」を10件を表示する。

●ページ：404

「ページ：404」は、目的のページが見つからないときに使われるテンプレートです。

●404 ページの文言修正

目的のページが見つからない時に表示される 404 ページに、画像を配置して文言を修正します。まずは、不要な段落とスペーサーを削除します。

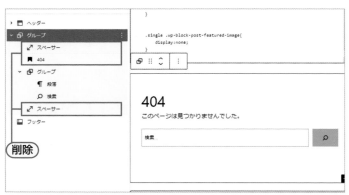

↑不要なブロックを削除

次に「段落」と「検索」を包んでいる「グループ」を解除します。「グループ」の解除は、メニューから「グループ解除」を選んでください。

↑不要なグループの解除

挿入した「画像」ブロックは、「段落」と同じ「グループ」に移動しました。ケーキの画像（404image.png）を配置して、あとは「段落」ブロックの文章を差し換えれば 404 ページは完成です。

⬆️**404 ページの完成**

　今回、「Twenty Twenty-Three」をベースとしたカスタマイズ結果は、「ホームページ」「投稿」「固定ページ」で確認可能です。

⬆️**「ホームページ」**

My Sweets Styles

新作ケーキ「チェリーブロッサム」が登場！

花のような美味しさ。チェリーブロッサムの魔法を味をお届け。

こんにちは、My Sweets Styles の Margaret です！春が近づいてきたのを感じる今日この頃、新作のケーキ「チェリーブロッサム」をご紹介します。
このケーキは桜の花びらを使ったスポンジケーキと、桜風味のクリームでできています。春らしいピンク色で、見た目もかわいいんですよ。

商品の特徴

チェリーブロッサムは、春の訪れを感じさせる華やかなケーキです。白とピンクのグラデーションが美しい生地には、桜の葉を練り込み、ふわふわの生クリームと甘酸っぱいチェリーが相性抜群です。
トッピングには、桜の花びらを散らしています。桜の花びらは食用で、桜の香りがします。このケーキは、お花見やパーティーにぴったりです。
ご予約はお早めにどうぞ。

商品の詳細

- **名前**
  チェリーブロッサム
- **値段**
  ¥2,500
- **サイズ**
  15cm
- **原材料**
  小麦粉、卵、砂糖、バター、生クリーム、チェリー、桜の花びら、桜の葉

講習会主催の、「My Sweets Styles」についてはこちらでどうぞ。

投稿日 9月 19, 2023 カテゴリー: ケーキ
投稿者: admin

タグ:
ケーキ スポンジケーキ 生クリーム

「投稿」

↑「固定ページ」

　これで、「サイトエディター」によるテーマ編集の概要は終わりました。次の Chapter では、いよいよオリジナルの「ブロックテーマ」作成にチャレンジです。

🧁 **より詳しく**

子テーマ

　「子テーマ」とは、元となるテーマ（親テーマ）の機能やスタイルを継承しながら、カスタマイズや追加機能を行うためのテーマのことです。親テーマのコードを直接変更せずに、子テーマに変更を加えることで、親テーマがアップデートされても、自分で加えたカスタマイズが保持されます。

　しかし、「ブロックテーマ」では、「サイトエディター」の機能により、カスタマイズの自由度が格段に上がります。

　また、カスタマイズした内容は、サーバー上のデータベースに保存され、実ファイルより優先されます。「クラシックテーマ」に比べて「子テーマ」の必要性は、かなり低下するでしょう。

　既存の「テーマ」カスタマイズに「子テーマ」はつきものですが、本書では子テーマの作成方法は割愛しています。

🧁 **より詳しく**

データベースに保存されているカスタマイズ

　左サイドバー ➡ テンプレート ➡「すべてのテンプレートを管理」や、左サイドバー ➡ テンプレートパーツ ➡「すべてのテンプレートパーツを表示」で「テンプレート一覧」と「テンプレートパーツ一覧」を確認してみましょう。

　ユーザーによって編集された「テンプレート」や「テンプレートパーツ」には、「カスタマイズ済み」の文字が表示されます。

　オプションメニューから「カスタマイズをクリア」を選ぶと、データベースに保存されているカスタマイズした編集内容がすべて削除されます。

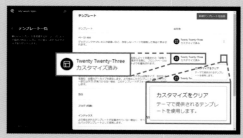 

⬆「テンプレート」や「テンプレートパーツ」のカスタマイズが確認と削除が可能

オリジナル
「ブロックテーマ」の作成

　この Chapter 3 では、オリジナルの「ブロックテーマ」の作成にチャレンジします。シンプルなものを作成すれば初心者であっても難しいものではありません。

01 ブロックテーマとは

この Chapter ではオリジナルの「ブロックテーマ」を作成するために必要な知識を学びます。「ブロックテーマ」とは、WordPress 5.8 から採用された「フルサイト編集」（Full Site Editing、FSE）に対応したテーマで、サイト全体をブロックと呼ばれる機能の単位で編集可能となった新たなコンセプトのテーマになります。そのため、「ブロックテーマ」は「FSE テーマ」とも呼ばれます。

クラシックテーマとブロックテーマ

現在、リリースされている WordPress のテーマは、大きく分けると「クラシックテーマ」と「ブロックテーマ」に分類できます。

「クラシックテーマ」とは、WordPress 5.8 以前から利用されているテーマ形式のことで、従来の WordPress テーマといえばこちらを指します。

また、テーマの使用、作成方法（必要なファイルなど）にも違いがあり、「クラシックテーマ」に慣れた人がいきなり「ブロックテーマ」を作成するのは難しいでしょう。

現在、WordPress のテーマディレクトリで配布されているテーマの多くは「クラシックテーマ」ですが、今後は次第に「ブロックテーマ」が多くリリースされるようになり、将来的にはテーマのすべては「ブロックテーマ」へと移行するでしょう。

ⓦ クラシックテーマとブロックテーマの違い

従来の「クラシックテーマ」に慣れ親しんだ開発者は、「クラシックテーマ」と「ブロックテーマ」の違いを確認してください。

WordPress のテーマカスタマイズや作成が初めての人は、「クラシックテーマ」は意識せずに「ブロックテーマ」の特徴を覚えるとよいでしょう。

	クラシックテーマ	ブロックテーマ
基本ファイル	・index.php（必須） ・style.css（必須） ・functions.php	・index.html（必須） ・style.css（必須） ・functions.php
テンプレートの作成	・PHPでテンプレートファイルを作成 ・phpテンプレート階層を利用 　（例：header.php, footer.php）	・HTMLでブロックテンプレートを作成 ・テンプレート階層を利用（phpテンプレート階層と同様） 　（例：header.html, footer.html）
テーマの機能追加	・functions.phpで機能を追加 ・ウィジェット、ショートコード	・functions.phpで機能を追加 ・ウィジェット、ショートコード ・ブロックパターン、テンプレートパーツ、同期パターン
スタイリング	・style.cssで要素ごとにスタイリング ・カスタムCSSを使って追加のスタイリング	・グローバルスタイル（theme.json）を利用して一括設定可能 ・style.cssやインラインCSSでブロックごとにスタイリング
ページレイアウト	・テーマカスタマイザーで部分的な編集	・フルサイト編集機能でサイト全体の編集が可能 ・ブロックエディターで個別に編集
コンテンツ編集	・クラシックエディターまたはブロックエディター（クラシックエディタは、2024年に廃止予定）	・サイトエディター（ブロックエディター）

※「クラシックテーマ」と「ブロックテーマ」の特徴が混在したハイブリッド型のテーマもあります。

🧁より詳しく

クラシックテーマからブロックテーマへ

　現在でも多く開発され、配布されている「クラシックテーマ」はphpファイルを基本としたテーマとなっています。FSEに対応した完全な「ブロックテーマ」は、htmlファイルのテンプレートによるページレイアウトが基本となります。これによって、「ブロック」配置の自由度の高さや、サイトデザインの自由度も高くなります。

　今までのようにレイアウトや機能がテーマに依存せずに、「ブロック設定」がレイアウトの基本となる可能性が高まるでしょう。

　十分に汎用性の高い「ブロックテーマ」は、様々なレイアウトに対応可能です。今後は、"サイトカスタマイズ"といったイメージよりも、汎用性の高いテーマに対して様々な「パターン」を適用し、ページレイアウトを組み立てる"テーマ"作りが主流となる可能性があります。

　「サイトエディター」の完成度が、より高まる近い将来、一般的なWordPress利用者によって、自由にサイトデザインができる時代が来るかもしれません。

ブロックテーマ作成のポイント

「サイトエディタ」によるテーマの編集はすべてデータベースに保存されます。そのため、「サイトエディタ」でのテーマ作成を進めると、「サイトエディタ」上でのテンプレートの状態とサーバー上の実際のテンプレートファイルの状態が違ってきます。

データベースの内容をファイルへ反映させる方法としては、「Create Block Theme」などオフィシャルプラグインのインストールで可能です。しかし、執筆時現在、「Create Block Theme」の動作に不都合が見られることや、ローカルへのファイルのダウンロードを頻繁に行うと混乱が発生し易いなどの理由により、本書では固有のワークフローにより「ブロックテーマ」作成を進めていきます。

「Create Block Theme」や「サイトエディタ」の機能によって、安全にファイルの更新が可能となりましたら、読者に適したワークフローに置き換えてください。

本書でのテーマ作成ポイント

WordPress 6.3 のブロックテーマ（FSE テーマ）では、ユーザーの変更がデータベースに保存されます。このユーザーの変更は、データベース設定が優先されるため、ローカルで作成しているテーマファイルとプレビューの間に差異が発生します。

ブロックテーマ作成の初心者は特に混乱し易いでしょう。そのため、本書では以下の手順で「ブロックテーマ」の作成を進めます。

本書での「ブロックテーマ」作成の進め方

❶「サイトエディタ」で変更を加えたファイルは、コードビューでソースを全文コピーし、ローカルのファイルにペーストします。

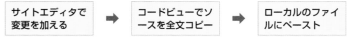

❷その後、ローカルのファイルをテーマフォルダにアップロードし、ページを更新します。

※本書では、「Local」によるサーバー環境でテーマ作成を行います。ファイルは保存するだけでよく、アップロードの必要はありません。

※「サイトエディタ」はコードを作成するために使用します。保存した場合は、一覧表示から「変更のリセット」を行いましょう。

環境構築

　Chapter 3 では、Chapter 2 に引き続き「Local」による WordPress 環境で「テーマ」作成作業を行います。まだ構築していない人は、**Chapter 1 の「04 サーバーの準備（ローカル環境で WordPress)」**を参考にしてテーマ作成環境を構築しましょう。

　「Local」は、複数の WordPress を追加して立ち上げることができます。すでに「Local」を使用している読者は、[＋] ボタンをクリックしてサイトを追加して作業を始めましょう。

⬆️「Local」に新たな WordPress を追加

🅦 コンテンツデータのインポート

　今回作成する「テーマ」ではスイーツブランドの仮想サイト「My Sweets Styles」をイメージして、シンプルなオリジナルの「ブロックテーマ」を作成します。コンテンツがあって、はじめてレイアウトやデザインが決まります。

　「ブロックテーマ」作成の前に、本書テーマ作成用のコンテンツデータ、「**mysweetsstyles_data.xml**」を取り込みましょう。

> サンプルコンテンツ：サンプルコンテンツ \Chapter3\mysweetsstyles_data.xml

「インポーターの実行」をクリック

❶①管理画面メニュー：ツール ➡ インポート ➡ 「今すぐインストール」をクリックするとプラグインの読み込みが始まります。

「インポーターを実行」

❷②「インポーターの実行」の完了メッセージが表示されるので、「インポーターを実行」をクリックします。

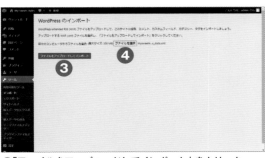

「ファイルをアップロードしてインポート」をクリック

❸③「ファイル選択」ボタンを押して、ファイルを選択したあとに、④「ファイルをアップロードしてインポート」ボタンをクリックします。

↑投稿者と添付ファイルの設定

❹読み込むコンテンツの割り当てユーザーが尋ねられます。❺本書ではすべて管理者に割り当て、❻「添付ファイルをダウンロードしてインポートする」をチェックして実行ボタンをクリックしてください。

「添付ファイルをダウンロードしてインポートする」オプションを選ぶと、移行元のサイトにあるメディアファイル（画像や動画など）も一緒に新しいサイトにダウンロードされます。

「投稿」「固定ページ」の一覧を確認して、コンテンツがインポートされたことを確認してください。

利用しないコンテンツ、❼"Hello world!"、❽"Privacy Policy"、"Sample Page" は、「ゴミ箱へ移動」を行いましょう。

↑インポートした「投稿」

↑インポートした「固定ページ」

「mysweetsstyles_data.xml」では、本書サンプルサイト https://sakutt.com/MSSwp/ より画像を取得します。何らかの原因で上手く取り込めない場合は、サンプルデータの画像を「メディアライブラリ」にアップロードして各コンテンツのリンク切れの画像と「置換」してください。

⬆「メディアライブラリ」の画像

	favicon.png（ファビコン）
	logo.png（サイトロゴ）
固定ページ：Welcome	
	home_cake.png（ホームページ：ヒーローイメージ）
	staff1.png（Margaret Thatcher）
	staff2.png（Paul Smith）
	staff3.png（Julius Renon）

固定ページ :Cakes Gallery	
	cake01.png（ミントタイムソーダ : Mint Time Soda）
	cake02.png（クールベリーブリーズ : Cool Berry Breeze）
	cake03.png（シトラスオーシャンスプラッシュ : Citrus Ocean Splash）
	cake04.png（フルーツスパークルミスト : Fruit Sparkle Mist）
	cake05.png （トロピカルサンセットディライト : Tropical Sunset Delight）
	cake06.png（ベリー・フレッシュ・パフェ : Berry Fresh Parfait）
	cake07.png（ストロベリー・サンキス : Strawberry Sun Kiss）
	cake08.png（ひな祭りビスコッティ : Hinamatsuri Biscotti）
	cake09.png（春風マカロン : Spring Breeze Macaron）
	cake10.png（ストロベリー・フリーズ : Strawberry Freeze）
	cake11.png（プリンセス・ひなショートケーキ : Princess Hina Shortcake）
	cake12.png（ポップ　フィグ : Pop Fig）

サンプルコンテンツのインポートが終われば、「固定ページ」の「Welcome」がサイトホームとして表示されるように表示設定を行ってください。

　なお、サイトをプレビューすると、設定されているテーマ（Twenty Twenty-Four など）でページが表示されます。

● 「Twenty Twenty-Four」のサイトホーム

Chapter 2 の「より詳しく　ホームページ設定」を確認してください。

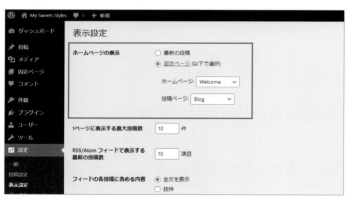

● 「ホームページの表示」設定

 より詳しく

画像はメディアライブラリで管理？

　「テーマ」に使用する画像は「メディアライブラリ」にアップロードして利用するか、あるいはテーマ内に画像フォルダを設置して利用するのかが悩ましいところです。

　基本的には「テーマ」に使用する画像は、テーマフォルダ内に画像フォルダを作成し、保存して読み込むべきです。

　「My Sweets Style 」では、「インポーター」によるコンテンツの取り込みが簡単などの理由により「メディアライブラリ」を利用しています。

🅦 Local と WordPress のフォルダ構造

「Local」による WordPress は、**C:/Users/ ユーザー /Local Sites** にサイト名のフォルダが作成されます。

「Go to site folder」をクリックすると、そのサイトフォルダを直接開くことができます。

⬆「Go to site folder」をクリック

WordPress では、インストールされているすべてのテーマは、**/wp-content/themes** に保存されています。

WordPress のサイトルート、テーマフォルダの場所を確認しておきましょう。

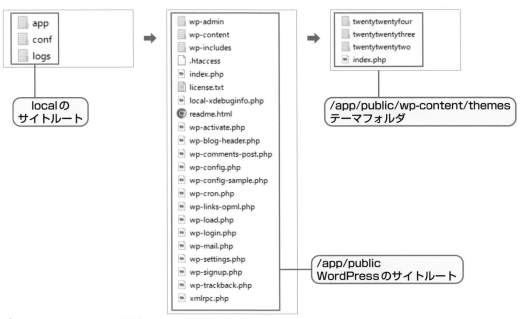

⬆WordPress のテーマの場所

ブロックテーマの作成

さぁ、それでは「ブロックテーマ」を作成しましょう。
今回作成する「テーマ」はシンプルなテーマです。HTML の構造やクラス名など、可能な限り WordPress が出力するデフォルトの状態をそのまま利用します。

ワークフロー

「ブロックテーマ」作成の手順を確認します。

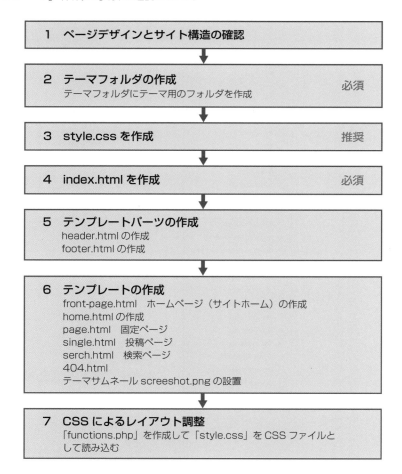

```
1  ページデザインとサイト構造の確認
```

```
2  テーマフォルダの作成                              必須
   テーマフォルダにテーマ用のフォルダを作成
```

```
3  style.css を作成                                 推奨
```

```
4  index.html を作成                                必須
```

```
5  テンプレートパーツの作成
   header.html の作成
   footer.html の作成
```

```
6  テンプレートの作成
   front-page.html　ホームページ（サイトホーム）の作成
   home.html の作成
   page.html　固定ページ
   single.html　投稿ページ
   serch.html　検索ページ
   404.html
   テーマサムネール screeshot.png の設置
```

```
7  CSS によるレイアウト調整
   「functions.php」を作成して「style.css」を CSS ファイルと
   して読み込む
```

1. デザインとサイト構造の確認

　「テーマ」を作成するために、どのようなページがあるのか、「My Sweets Styles」サイトを構成するページを確認しましょう。

●サイトマップ

　「My Sweets Styles」サイトは、サイトホームページ、ギャラリーページ、ブログページ、お問い合わせページの4つの主要なページで構成されています。

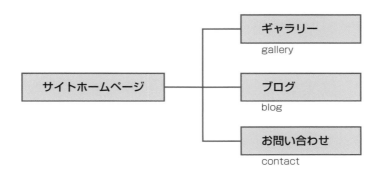

●デザイン

　サイトホームには、大きな画像とスタッフの写真、ギャラリーページや投稿にはスイーツの写真を配置し、お問い合わせページではメールフォームプラグインとして有名な「Contact Form 7」を利用しています。

　実際の動作サイトは、https://sakutt.com/MSSwp/ でご確認ください。

↑サイトホーム

↑ギャラリー

↑ブログ

↑お問い合わせ

●コンテンツ、メニューの関係と作成する「テンプレート」

　「My Sweets Styles」テーマを構成するファイルを表にまとめました。テーマの作成途中でページと設定などの関係がわからなくなったときには、確認のために見返してください。

メニュー名	種類	スラッグ ※4つの主要なスラッグはレイアウトのための必須設定です	テンプレート
welcome	固定ページ	home	front-page.html
gallery	固定ページ	gallery	page.html
blog	投稿（固定ページに投稿一覧を表示）	blog	home.html
	個別投稿	各半角英数タイトル	single.html
contact	固定ページ プラグイン「Contact Form 7」使用	contact	page.html
「テンプレート」			
基本「テンプレート」(必須)			index.html
404ページ用「テンプレート」			404.html
検索結果表示			serch.html
「テンプレートパーツ」			
ヘッダーテンプレート			header.html
フッターテンプレート			footer.html

ⓦ 2. テーマフォルダの作成

「テーマ」作成の最初の作業として、テーマフォルダを作成し VSCode に登録しましょう。

今回、作成するオリジナルテーマは「My Sweets Styles」です。テーマのフォルダ名は、半角英数によって "mysweetsstyles" としました。空白や特殊文字は避け、半角英数字とダッシュ (-)、アンダースコア (_) が使用可能です。すべて小文字で管理するのが一般的です。

"mysweetsstyles" フォルダを "app/public/wp-content/themes" に作成します。

↑テーマフォルダ

管理画面：メニュー ➡ 外観 ➡「テーマ」で表示を確認します。最新の状態を確認するためにブラウザのリロードボタンをクリックして再描画してください。

WordPress は、themes フォルダの直下に半角英数名によるフォルダを作成すると、テーマとして認識します。しかし、いくつかの必須ファイルが設定されていないので、壊れているテーマとして表示されます。

↑壊れたテーマとして表示

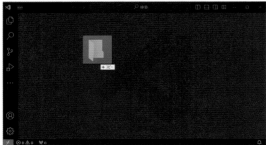

↑フォルダを VSCode にドロップ

ここからは、VSCode でファイルを作成します。

❶作成したテーマフォルダを VSCode へドラッグ＆ドロップしてワークスペースに追加しましょう。

↑登録されたフォルダ、信頼性の確認

❷次の信頼性の確認画面が表示される場合は許可してください。

↑登録されたフォルダ

❸左ペインのエクスプローラーにフォルダ名が表示され、ワークスペースに登録（追加）されたことが確認できます。

ⓦ 3. style.css を作成

テーマに必須なファイル、「style.css」をテーマフォルダの直下（ルート）に作成します。「style.css」は、テーマの詳細情報を記述するための重要なファイルです。

⬆️style.css を作成

「style.css」には、以下の内容を記述しました。「Theme Name:」は必須ですが、他の項目は任意となります。

```
*/
      Theme Name: My Sweets Styles    必須
      Author: buzzlyhan
      Author URI: https://itami.info/
      Description: My Sweets Stylesブロックテーマ　問い合わせは、<a
href="mailto:buzzlyhan@gmail.com">buzzlyhan@gmail.com</a>まで。
      Version: 1.0.0
*/
```

Theme Name	テーマ名()	テーマの名前。
Author	作者()	テーマを開発した個人、または組織の名前。テーマ作者のwordpress.orgユーザー名の使用が推奨されます。
Author URI	作者URI	作者個人、または組織のURL。
Description	説明()	テーマの簡単な説明。
Version	バージョン()	X.X、またはX.X.X形式で記述されたテーマのバージョン。

※さらに詳細な情報も記入可能ですが、ここでは割愛します。他の項目で設定可能なものがあれば、あなたの情報に書き換えてみましょう。

この「style.css」には、「My Sweets Styles」で使用するCSSも記述する予定です。レイアウトのためのCSSファイルとして読み込むためには、「functions.php」にエンキュー（ファイルの読み込み指定）の記述が必要となります。

※ Chapter 3 の 02 の「functions.php の作成」を参照

⬆テーマに必要なコメント

再度、ページを読み込んで確認しましたが、まだ足りないファイルがある様子でダメみたいですね。

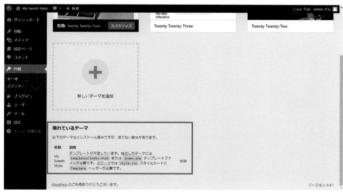

⬆壊れているテーマの表示

🅦 4. index.html を作成

テーマフォルダの直下（ルート）に「templates」フォルダを作成して、その中に「ブロックテーマ」に必須なテンプレートファイル「index.html」を作成します。

「index.html」は、どのページ状態からも使用される汎用的なテンプレートです。

⬆ **必須ファイルの設定完了**

おめでとうございます！

「My Sweets Styles」が「ブロックテーマ」として有効となりました。「テーマの詳細」をクリックしてテーマに設定されている詳細情報を確認しましょう。

⬆ **有効なテーマとして表示**

「style.css」で設定した項目の内容が確認できますね。「テーマ」のサムネール画像が表示されていませんが、これは最後に設置します。楽しみにしていてください。

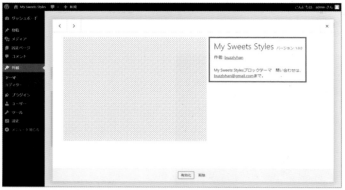

⬆「テーマの詳細」を確認

🧁より詳しく
クラシックテーマとブロックテーマの作り方の違い

「クラシックテーマ」は、PHPファイルのコードの中にWordPress関数やHTMLが埋め込まれた状態です。そのため、まずは、静的なHTMLファイルとCSSでレイアウトのモックを作成し、そこからPHPのテーマファイルを作り上げて行くといった手順でした。

「ブロックテーマ」は、ブロックから構成されるテンプレートを作成したあとに、レイアウトを行うといった手順です。そのために「ブロック」を自由に扱える「サイトエディター」の利用は不可欠です。

より詳しく
テンプレート階層とファイル優先順位

　WordPress「テーマ」のカスタマイズや作成を行うには「テンプレート階層」(ファイルの優先)を理解する必要があります。

　WordPress の「テーマ」は、複数の「テンプレート」と呼ばれる HTML ファイルによって構成されています。

　例えば、「テーマ」に必須の「テンプレート」は「index.html」です。「index.html」が「templates」フォルダ内に存在しないとその「テーマ」は有効な「テーマ」としては認識されませんが、「index.html」さえあれば、ひとまずどのページも「index.html」によって表示することができます。しかし、これではページの状態によって、大きな構造(レイアウト)の変更はできません。

　そこで、もし「front-page.html」と名付けられたファイルが「templates」フォルダにあれば、サイトのフロントページ(ホームページ)を表示する際には「index.html」よりも優先されて使用されます。同様に、「page.html」があれば「固定ページ」の表示に優先的に使用されます。これが WordPress の「テンプレート階層」と呼ばれる仕組みです。

簡易なテンプレート階層

ページ	使用するテンプレート (html ファイル)		
	高 ←		低
フロントページ (ホームページ)	front-page.html	home.html	
ブログ投稿のホーム	home.html		
カテゴリーページ	category.html	archive.html	
個別投稿ページ	single-$posttype.html	single.html	index.html
固定ページ	page-$slug.html	page.html	
検索結果ページ	search.html		
404ページ	404.html		

※簡易な「テンプレート階層」表です。より正確で詳しい階層構造の確認は wordpress.org の「Template Hierarchy」をご覧ください (https://developer.wordpress.org/themes/basics/template-hierarchy/)。
※「html テンプレート」階層は「php テンプレート」階層と同一ですが、執筆現在、動作の確認できないファイルがあります。

●index.html の確認

有効化のボタンをクリックしてみて、「My Sweets Styles」テーマに切り替えサイトの表示を確認してみましょう。

" 空のテンプレート：フロントページ " の文字以外、何も表示されませんね。

必須のテンプレートファイル「index.html」は作成したのですが、中身が空っぽなのでコンテンツが表示できない状態です。試しにエディタで、"index" と入力して保存してみます。

⬆"index" と入力して保存

ページを再読み込みすると "index" の文字が表示されたでしょうか。

ページの表示に、どのファイルが使用されているのかわからないと「テーマ」作成の混乱の原因となります。テンプレートと表示するページとの関係がわからなくなったときは、「テンプレート」の任意の場所にファイル名などを入力して確認するのもよいでしょう。

確認が済めば "index" の文字は削除しましょう。

「index.html」はのちほど、さらに編集を行いますが、今はこのままにしておきます。

🧁 COLUMN

再読み込みは、キャッシュを消そう！

　新たにいろいろと設定を行い、しっかりと確認してバグもないハズが、思ったように表示されないことがよくあります。これはブラウザに CSS や JavaScript のキャッシュが残っているからかも知れません。

　同じページにアクセスした際に、無駄なデータの再読み込みを防ぎ、ページを素早く表示するキャッシュ機能は便利なものですが、WEB サイトの開発途中では邪魔になることもよくあります。この場合、キャッシュファイルを強制的に削除して再表示する方法が幾つかあります。

　簡単な方法としては ［Shift］＋［更新］ボタンで行う「スーパーリロード」と呼ばれるページの強制的な再読み込み方法です。コードを変更した際は、「スーパーリロード」を行う習慣をつけましょう。

🅦 5. テンプレートパーツの作成

「 テンプレートパーツ」は、「テンプレート」で使用する部品のようなものです。同じデザイン
や機能の部分を登録しておくと便利ですね。WordPress では、使用目的の決まったものや汎用
的に使用できる「テンプレートパーツ」を作成することができます。

●「ヘッダー」の作成

ロゴやナビゲーションのあるヘッダー部分は、多くのページで共通しているので「ヘッダー」
の「テンプレートパーツ」を作成しましょう。

管理画面:メニュー ➡ 外観 ➡「エディター」で「サイトエディター」に移動し、**サイトエディ
ター ➡ 左サイドバー ➡ パターン ➡[+]ボタン**をクリックして、「テンプレートパーツを作成」
を選びます。

⬆「テンプレートパーツを作成」

「テンプレートパーツを作成」画面で「名前」に❶「header」を入力し、❷「ヘッダー」を選
択して❸「生成」ボタンをクリックしましょう。

⬆「ヘッダー」を選択

●「横並び」ブロックの設定

作成した「ヘッダー」にレイアウトのための「横並び」ブロックを挿入します。いったん、「グループ」を挿入し、「横並び」に設定してもかまいません。「横並び」はCSSのflexboxによる横方向の配置を行います。

ブロックの設定は、❶「配置」に「項目の間隔」を選択して両端に配置します。「高度な設定」の❷ブロック名には "header" を入力、❸ HTML要素には <header> を選択しましょう。

この設定によって、作成されるタグが汎用的な <div> から <header> に変更されます。

⬆「横並び」ブロックを挿入　　⬆「横並び」の設定

次に「横並び」の左側の［＋］をクリックして「サイトロゴ」ブロックを配置します。

⬆[＋] を押して「サイトロゴ」を挿入

「サイトロゴ」ブロックの配置ができたので、「サイトロゴを追加」ボタンをクリックして、「メディアライブラリ」からロゴ画像（logo.png）を読み込みましょう。

↑「サイトロゴ」ブロックを挿入

　「My Sweets Styles」の「サイトロゴ」は、白文字の PNG 画像なので白地の上では見えないので注意してください。「画像の幅」は **250 ピクセル**に設定しました。

↑「サイトロゴ」に設定したイラスト

↑画像の幅を設定

🧁より詳しく
グループ、横並び、縦積み

　「グループ」「横並び」「縦積み」は、複数のブロックをグループ化し、そのグループ全体に対して横、縦のレイアウトや背景色、マージンなどの設定が行えます。

　タグは <div> が初期値で設定されていますが、<header>、<footer>、<section>など他のタグへの変更が可能です。

　グループは、コンテンツがマークアップされます。

　横並びは、マークアップしているタグのスタイルに display: flex; が指定されます。

　縦並びは、マークアップしているタグのスタイルに display: flex; に加えて、flex-direction: column; が指定されます。

「サイトアイコン（ファビコン画像）」には、「サイトロゴ」とは別に用意したブルーベリーのイラストアイコンを使用します。

「サイトアイコンとして使用する」のチェックは OFF にし、「サイトアイコンの設定」テキストをクリックして「サイト基本情報」画面で指定しましょう。方法は、**Chapter 2 の「より詳しくサイトアイコン」を独自に設定**（104 ページ）を参照してください。

↑「サイトアイコン」に設定したイラスト

●「ナビゲーション」ブロックの設定

「サイトロゴ」の次は、❶ブロック追加ボタン［+］をクリックして「ナビゲーション」ブロックを右側に読み込みます。今まで使用していたテーマにメニューが存在していた場合や、「ナビゲーション」ブロックでメニューを作成していた場合、コンテンツを読み込んでいる場合などは、プルダウンに表示されてすぐに利用することが可能です。

コンテンツファイルを読み込んでいるので、「ナビゲーション」ブロックを挿入すると「固定ページリスト」がサイドバーに表示されます。

もし、表示されない場合は、❷［+］ボタンをクリックして「固定ページリスト」ブロックを挿入しましょう。

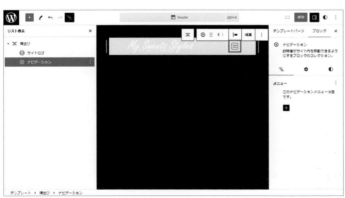

↑「ナビゲーション」ブロックを挿入

🧁 より詳しく

「固定ページリスト」 ブロックの設定

　固定ページへのリンクメニューを設定するには「固定ページリスト」ブロックが便利です。「固定ページリスト」は、公開されている固定ページを「固定ページ一覧」画面の並び順でメニューを作成してくれます。

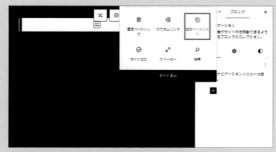

⬆️「固定ページリスト」 ブロックを挿入

　階層化した固定ページは階層メニューとして作成されるので、メニュー構造を組み立てる手間も省けます。これで公開設定されている「固定ページ」へのリンクがメニューとして作成されました。

　※「固定ページリスト」は「ナビゲーション」以外にも、様々なブロックで利用可能な「ブロック」です。

⬆️一発でメニュー構造が完成！

●メニュー項目の編集

「固定ページリスト」の挿入でメニューが完成しましたが、「Cakes Gallery」を「Gallery」に修正しましょう。

❶「Cakes Gallery」をクリックすると「このメニューを編集」のボックスが表示されるので、❷「編集」ボタンをクリックして、表示される「固定ページリンク」の「Cakes Gallery」のラベルを「Gallery」に修正します。

↑「このメニューを編集」画面

↑「ラベル」を修正

🧁より詳しく

固定ページ一覧の並び順序

「固定ページ一覧」の並び順序は、各固定ページの「順序」の数字で決まります。数値が低いほど、リストで上位に配置されます。

「順序」は、固定ページの編集画面のサイドバーで設定可能ですが、「固定ページ一覧」画面の「クイック編集」で設定すると素早く設定できます。

↑固定ページの並び

↑「クイック編集」が便利

カスタムリンクで自在にメニュー作成

　投稿、固定ページ、URL リンクなど自在にナビゲーションメニューを作成したいときは、「カスタムリンク」を使用しましょう。

　「ナビゲーション」ブロックを選択して [+] をクリックし、「カスタムリンク」を挿入します。❶「投稿」や「固定ページ」などが表示されます。外部ページへのリンクが必要な場合は、❷「カスタムリンク」のテキストをクリックして、表示されるフォームに入力してください。

●コードをコピーしてファイルにペーストする

　「ヘッダー」テンプレートパーツが完成しました。完成したテンプレートのコードを実際のHTML ファイルにコピーしましょう。

　VSCode で❶「parts」フォルダをテーマフォルダの直下 (style.css と同じ場所) に作成します。作成した「parts」フォルダに「header.html」を作成して、❷**オプションメニュー ➡「コードエディター」**で、❸コードをコピーして、VSCode で作成した「header.html」にペーストしましょう。

　ファイルを保存すれば、ファイルとしての「header.html」テンプレートパーツの完成です。

↑コードエディターでコードをコピー

↑VSCode の「header.html」にペースト

●カスタマイズのクリア

実際のファイルとして「テーマ」を作成するために、データベースに作成された「ヘッダー」は、保存の必要はありません。

❹「すべてのテンプレートパーツを表示」をクリックしてテンプレートパーツ一覧画面に移動します。

↑テンプレートパーツ一覧画面へ

次に、「テンプレートパーツ一覧」の画面で、❺三点リーダー（操作）をクリックして表示される❻「カスタマイズをクリア」をクリックして、データベースに保存された内容を削除しましょう。このことによって、実ファイルである「header.html」の内容がサイトに反映されます。
※ "カスタマイズ済み" の表示が見られない場合は、ページを再読み込みしてください。

↑データベースに保存されたカスタマイズを削除

●「フッター」の作成

ヘッダーと同様の手順で次は、「フッター」を作成しましょう。

サイトエディター ➡ 左サイドバー ➡ パターン ➡ [+] ボタンをクリックして、「テンプレートパーツを作成」を選びます。

「テンプレートパーツを作成」画面で「名前」に「footer」を入力し、「フッター」を選択して「生成」ボタンをクリックしましょう。

「フッター」に配置する内容は非常にシンプルです。「段落」ブロック内に "Copyright © 2024 My sweetsstyles.com All Rights Reserved." の一文です。「段落」ブロックにテキストをペーストして、「テキストの配置」を中央に設定します。

↑「段落」にコピーライトを配置

●コードをコピーしてファイルにペーストする

「フッター」も「ヘッダー」と同様に「parts」フォルダに「footer.html」を作成してコードをコピーし、VSCode で作成した「footer.html」にペーストしましょう。ファイルを保存すれば「footer.html」テンプレートパーツの完成です。

↑コードエディターでコードをコピー

↑VSCode の「footer.html」にペースト

　「ヘッダー」と同様に「テンプレートパーツ一覧」の画面で、「カスタマイズをクリア」をクリックして、データベースに保存された内容を削除しましょう。

🧁 COLUMN

VSCode のエクスプローラーのファイルの並び

　VSCode のファイルの表示順の変更は、**設定 ➡ 機能 ➡ エクスプローラー ➡ Explorer: SortOrder**（検索キーワード :Explorer:SortOrder）で設定可能です。

🅦 6. theme.json

　「theme.json」は、各ブロックの設定やスタイルを管理することが可能な JSON 形式のファイルです。「theme.json」に記述された設定は、動的に CSS スタイルとして生成されます。テーマに必須なファイルではありませんが、「theme.json」を設定することによってブロックの設定やスタイルを一元的に管理することができ、ユーザーに許可するスタイルのバリエーションなども設定できます。

　本書では最低限の記述に留めますが、作成したテンプレートパーツをテンプレートエリアに割り当てるために、以下の内容を記述しましょう。「theme.json」はテーマフォルダの直下（style. css と同じ場所）に作成してください。

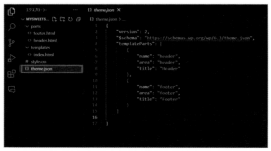

●「theme.json」

　JSONファイルが初めての人にとっては、少し難しく感じるでしょう。カンマの位置に注意して入力してください。

version	theme.jsonのバージョン。執筆時現在のバージョンは2です。
$schema	スキーマのURL。バリデーションに使われ、VSCodeで入力の補完が行われます。
templateParts	テンプレート部分を定義する配列です。
name	テンプレートパーツのファイル名から拡張子を除いたものです。
area	テンプレートエリアの名前です。
title	サイトエディター（ブロック）での表示名です。

```json
{
    "version": 2,
    "$schema": "https://schemas.wp.org/wp/6.3/theme.json",
    "templateParts": [
        {
            "name": "header",
            "area": "header",
            "title": "Header"
        },
        {
            "name": "footer",
            "area": "footer",
            "title": "Footer"
        }
    ]
}
```

「theme.json」に記述することによって「サイトエディター」に作成したヘッダーやフッターが該当のエリア用の「テンプレートパーツ」として表示されます。

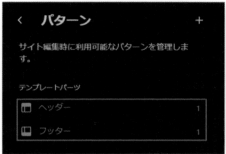
↑設定した「テンプレートパーツ」が表示

↑一覧では「title」が表示

🧁より詳しく
JSON の基本構造と記述方法

　JSON（JavaScript Object Notation）は、データの受け渡しの形式として広く採用されています。その利点は、シンプルさと可読性です。

　JSON の基本単位は「キーと値のペア」です。キーはダブルクォート（""）で囲まれ、その後ろにコロン（:）が続きます。コロンのあとには、そのキーに関連する値が置かれます。このキーと値のペアは、波括弧（{}）内で定義され、複数のペアが存在する場合は、カンマ（,）で区切られます。また、角括弧（[]）で配列を表現することが可能です。

JSON オブジェクト例

```
{
  "name": "John",
  "age": 30,
  "isMarried": false,
  "hobbies": ["reading", "swimming", "gaming"]
}
```

　この例では、「name」「age」「isMarried」「hobbies」がキーとなり、「John」「30」「false」がそれぞれのキーに対応する値です。「hobbies」には、「reading」「swimming」「gaming」という 3 つの文字列が配列（[] 内）として格納されています。これらのペアはカンマで区切られていますが、最後のペアのあとにはカンマを置きません。

　配列内にはオブジェクトを入れることもできるので、規模が大きくなると可読性が低くなります。

🧁 より詳しく

Create Block Theme プラグイン

　WordPress 公式の「Create Block Theme」をインストールすると、「テーマのひな形」「副製」「子テーマの作成」「カスタマイズ内容の実ファイルへの反映やダウンロード」など、テーマ作成に必要な各種の機能が豊富に揃っています。

　すべての機能が問題なく動作すれば、「テーマ」作成には必須プラグインといえます。
　本書で紹介しているフォルダの作成や「テンプレートパーツ」ファイルの作成、コピー＆ペーストといった作業が必要なくなるでしょう。
　執筆時現在、「Create Block Theme」はプラグインとして配布されており、動作には不安定な部分がみられましたので、本書での使用は差し控えています。バージョンアップや将来の「サイトエディター」への取り込みに期待したいと思います。

⬆ テーマ作成の公式プラグイン「Create Block Theme」

7. テンプレートの作成

●1.index.html: インデックスを完成させる

空だったテンプレート、「index.html」に作成したヘッダーとフッターの「テンプレートパーツ」を配置しましょう。

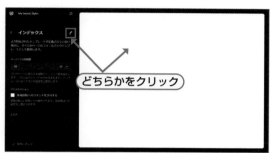

↑「テンプレート」のインデックスを編集

↑「Header」を挿入

❶「インサーター」から「Header」テンプレートパーツを選択してページに挿入します。

↑「Footer」を挿入

❷続けて、「Footer」テンプレートパーツを選択して、ページに挿入しましょう。

●投稿コンテンツ

「ヘッダー」と「フッター」を配置しましたが、これだけでは、まだコンテンツが表示されません。「ヘッダー」と「フッター」の間に「コンテンツ」ブロックを挿入しましょう。

↑「コンテンツ」を挿入

❶「コンテンツ」は、投稿や固定ページの内容を全体的に表示するテンプレート用のブロックです。作成された新しいコンテンツが自動的に表示されます。

↑「グループ化」

❷「コンテンツ」ブロックは、ヘッダーとフッターの間に移動させ、ブロックを選択したまま、メニューから「グループ化」を選びます。「グループ化」によって「コンテンツ」は <div> によってマークアップが行われます。

↑「グループ」の設定

❸サイドバーに表示される「グループ」の設定は、❶レイアウト ➡ コンテンツに 1200px を入力し、❷高度な設定 ➡「ブロック名」に main を入力し、❸ HTML 要素を <main> に変更します。

※「ブロック名」は、リスト表示の名称として使用されます。

●コードをコピーしてファイルにペーストする

↑コードエディターでコードをコピー

「インデックス」も他のファイルと同様にコードをコピーし、VSCodeの「index.html」にペーストしましょう。

ファイルを保存すれば「index.html」テンプレートの完成です。「カスタマイズをクリア」を忘れずに。

↑VSCodeの「index.html」にペースト

●ページのプレビュー確認

ここまで設定できれば、一度ページの表示を確認してください。ナビゲーションメニューを設定したので、「Welcome」「Gallery」「Blog」「Contact」の各ページを表示することができます。また、「コンテンツ」ブロックも配置しているので、多くのコンテンツが表示されるでしょう。

↑サイトのプレビュー確認

基本的な「index.html」が完成したので、さらに必要な他のテンプレートの作成を進めましょう。テンプレートの作成方法は、「インデックス」の作成と同じ手順です。

●2.「front-page.html」フロントページを作成する

「front-page.html」は、サイトのトップページ（フロントページ）を表示する「テンプレート」ファイルです。フロントページ用の大きな画像を配置するために作成します。

「テンプレート」を追加するために、**サイトエディター ➡ 左サイドバー ➡ テンプレート ➡ [＋] ボタン**をクリックして、「フロントページ」を選びます。

⬆「フロントページ」を選択

次に表示される「パターンを選択」画面では、何も選ばずに [×] をクリックするか、[スキップ] を選択しましょう。

作成した「フロントページ」に「ヘッダー」と「フッター」のテンプレートパーツを配置し、「ヘッダー」の下に「カバー」ブロックを挿入します。

❶「カバー」の画像には、「メディアライブラリ」から "home_cake.png" を選択してください。「カバー」の「オーバーレイの不透明度」はゼロに設定しましょう。

⬆「オーバーレイ」をゼロに設定

↑「見出し」文字色の設定

❷「カバー」に含まれる「段落」ブロック
に "since 2002" の文字入力し、❶「見出し」
に変更します。文字色は❷白に設定しまし
た。

↑「スペーサー」の設定

❸「カバー」の下には、「スペーサー」を
挿入し、「高さ」を 50 ピクセルに設定しま
しょう。

↑「グループ」の設定

❹「スペーサー」の下には、「コンテンツ」
ブロックを挿入し「インデックス」と同様
にグループ化します。

「グループ」の設定は、❶レイアウト ➡
コンテンツに 1200px を入力し、❷高度な
設定 ➡「ブロック名」に main を入力し、
❸ HTML 要素を ＜main＞ に変更します。

※「カバー」はブラウザの左右いっぱいまで広げ
　るため、コンテンツ部分は、最大幅 1200 ピク
　セルに設定するために「コンテンツ」ブロックだ
　けをグループ化しています。

⬆️コードエディターでコードをコピー

コピー&ペースト

⬆️VSCode の「front-page.html」にペースト

❺最後に「front-page.html」を「templates」フォルダ内に作成して、コードをコピー&ペーストしましょう。ファイルを保存すれば「front-page.html」テンプレートの完成です。

　「カスタマイズをクリア」を行うまでは、データベースに保存された設定が優先して表示されます。プレビュー確認を行って、問題がなければ「カスタマイズをクリア」を行い、ファイルとして保存された「テンプレート」でフロントページの表示を確認しましょう。

　※コード内の画像 URL などは「Local」の設定により変わります。

●3.「page.html」：固定ページを作成する

「page.html」は、固定ページを表示する「テンプレート」ファイルです。「My Sweets Styles」では「ギャラリー」と「お問い合わせ」のページ表示に使用します。

↑「固定ページ」を選択

❶「テンプレート」を追加するために、**サイトエディター ➡ 左サイドバー ➡ テンプレート ➡ [+] ボタン**をクリックして、「固定ページ」を選びます。

↑「固定ページ一覧」を選択

❷「テンプレートを追加：固定ページ」では、「固定ページ一覧」を選択してください。

次に表示される「パターンを選択」画面では、何も選ばずに［×］を押すか、［スキップ］を選択しましょう。

↑「ヘッダー」と「フッター」を挿入

❸作成した「固定ページ」に「ヘッダー」と「フッター」のテンプレートパーツを配置します。

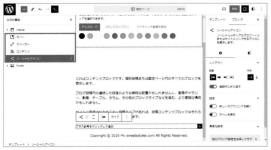

↑「カバー」「スペーサー」「コンテンツ」「ソーシャルアイコン」を挿入

❹「ヘッダー」と「フッター」の間には、「カバー」「スペーサー」「コンテンツ」「ソーシャルアイコン」を続けて挿入しましょう。

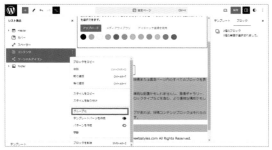
⬆「グループ化」

❺「コンテンツ」と「ソーシャルアイコン」の両方を選んで、メニューから「グループ化」を選びます。

⬆「グループ」の設定

❻「グループ」の設定は、❶レイアウト ➡ コンテンツに 1200px を入力し、❷高度な設定 ➡「ブロック名」に main を入力し、❸ HTML 要素を ＜main＞ に変更します。

　「カバー」はバナー画像のためのブロックです。「メディアライブラリ」から「home_cake.png」を読み、「カバー」の「段落」ブロックを選択して「タイトル」ブロックを 1 つ下に挿入します。

⬆「タイトル」ブロックを設定

❼「タイトル」ブロックは、テキストを中央揃えに、色を白の設定にしました。「タイトル」ブロックが設定できれば、「段落」ブロックは削除しましょう。

↑「カバー」を設定

❽「カバー」の「オーバーレイの不透明度」は **50%** のままで、画像は高さ **130 ピクセル** に設定しました。

↑「スペーサー」の設定

❾画像の下のアキは、「スペーサー」ブロックで **50 ピクセル** に設定しました。

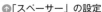

↑「ソーシャルアイコン」の設定

↑アイコンにリンク URL を入力

❿「ソーシャルアイコン」は、❶右揃えに設定し、❷［＋］をクリックしてアイコンを加えます。

　サンプルでは、「Facebook」と「Twitter」を加えました。1 つずつ加えて有効にしてください。

　❸アイコンを選択して、❹リンクの URL を入力しましょう。「ソーシャルアイコン」は URL を設定しないと表示されないので注意してください。

169

↑コードエディターでコードをコピー

コピー＆ペースト

↑VSCode の「front-page.html」にペースト

⓫ブロックの設定が終われば「templates」フォルダ内に「page.html」を作成して、コードをコピー＆ペーストしましょう。

　ファイルを保存すれば「page.html」テンプレートの完成です。「ギャラリー」と「お問い合わせ」のページに移動して、タイトルの表示を確認しましょう。

↑「ギャラリー」ページ

↑「お問い合わせ」ページ

より詳しく
マイパターンの作成

　よく利用する「ブロック」の構成を毎回、インサーターから選んで組み立てるのも面倒です。そこで「ブロック」の構成を「パターン」として登録しましょう。

　登録は、「ブロック」を選んで、メニューの「パターンを作成」を選びます。

　「パターンを作成」パネルで❶「名前」、❷「カテゴリー」、❸「同期」の設定を行い、「生成」ボタンをクリックします。

　「カテゴリー」はブロックリスト内での分類に使用されるので、任意の名前を付けるか、または既存のカテゴリーを選んでください。

　「同期」は有効にすると「同期パターン」として作成します。「同期パターン」は使用されているすべての同じパターンがリンクした状態で、1つを変更すると他のすべても変更されます。

　独立した「パターン」として利用したい場合は「同期」を無効にして作成しましょう。

　次の作例では「同期」を有効にして作成しています。

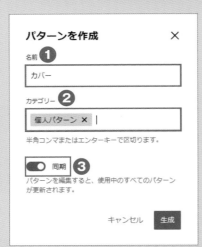

　「同期」を作成すると同時に、エディタ上のパターンも「同期パターン」が適用されます。

作成した「同期パターン」は、**ブロックインサーター ➡ 「パターン」**から選択することが可能です。

「カテゴリー」で設定したカテゴリーが作成され、分類される。

使用している「同期パターン」は、メニューから「パターンを切り離す」を選ぶと、独立した「パターン」に変更することが可能です。

「パターン」と「同期パターン」のどちらも**サイトエディター ➡ 左サイドバー ➡ 化「パターン」**で管理、編集することが可能です。

🧁 **より詳しく**

特定の固定ページ用テンプレートの作成

「テンプレートを追加：固定ページ」画面で「固定ページ（特定の項目に対して）」を選ぶと、固定ページの一覧が表示され、選択した固定ページ専用のテンプレートが作成できます。
※すでに「固定ページ一覧」が存在すると、こちらの「固定ページ（特定の項目に対して）」のリストが表示されます。

⬆ **特定の固定ページ用のテンプレート**

例えば、「Cakes Gallery」を選択した場合は、サイトエディターでは「テンプレート」の欄に「固定ページ：Cakes Gallery」「追加者：」の欄に作成したユーザーが表示されます。

⬆ **管理画面で作成したテンプレート**

実際のファイル作成は、page- スラッグ .html ですので「templates」フォルダに「page-gallery.html」を作成して保存してください。ファイルを作成後は、一覧からの「削除」を行い、作成した「page-gallery.html」を有効にします。

⬆ **管理画面で作成したテンプレート**

「削除」を行うと「テンプレート」はファイル名である「page-gallery」の表示となります。

↑「削除」を行ったテンプレート表示

●4.「home.html」：ブログホームを作成する

「home.html」は、投稿のホームページ（ブログ一覧）を表示する「テンプレート」ファイルです。
「My Sweets Styles」の表示設定では、サイトのホームページに「front-page.html」で固定ペー
ジを表示し、投稿のホームでは「home.html」で投稿の一覧を表示します。
※ Chapter 2 の「より詳しく　ホームページ設定」（119 ページ）を確認してください。

↑「ブログホーム」を選択

❶「テンプレート」を追加するために、**サ
イトエディター ➡ 左サイドバー ➡ テンプ
レート ➡ ［＋］ボタン**を押して、「ブログ
ホーム」を選びます。

❷「パターンを選択」画面では、何も選ば
ずに［✕］をクリックをするか、［スキップ］
を選択しましょう。作成した「ブログホーム」
に「ヘッダー」と「フッター」のテンプレー
トパーツを配置します。

↑「ヘッダー」と「フッター」を挿入

↑「クエリーループ」を挿入

❸「ヘッダー」と「フッター」の間に「クエリーループ」を挿入します。
　「クエリーループ」は、投稿や固定記事を繰り返し呼び出して表示するためのボックスのようなものです。これだけでは何も表示できないので、「新規」ボタンをクリックして記事表示のための登録されているパターンを読み込みます。

↑開始時パターンの選択

❹開始時のパターン選択で「タイトル、日付、抜粋」を選びます。

↑「タイトル、日付、抜粋」が挿入された

❺「タイトル、日付、抜粋」を選ぶと「投稿テンプレート」、「ページ送り」、「結果なし」のブロックが挿入されます。各ブロックはさらに複数のブロックから構成されています。

↑「投稿のアイキャッチ画像」を挿入

❻ブログのアイキャッチ画像を配置したいので、「投稿のアイキャッチ画像」ブロックを挿入します。場所はのちほど調整します。

❼投稿のアイキャッチ画像
➡「投稿へのリンク」を有効
に、画像の「幅」を 200 ピ
クセルに設定しました。

⬆「投稿へのリンク」と「幅」の設定

「投稿のアイキャッチ画像」を「抜粋」の上に移動させ、この 2 つのブロックを選択して「グルー
プ化」を行いましょう。グレーだった画像が「クエリーループ」の「投稿テンプレート」に移動
させるとアイキャッチ画像が表示されます。

⬆ブロックの移動と「グループ化」

❽作成されたグループを「横並び」に設定
します。「投稿のアイキャッチ画像」と「抜
粋」が左右に並びました。

⬆「横並び」に設定

↑「カラム」を挿入

次はページ全体のレイアウトです。

❶メインコンテンツ部分を左右 2 カラムレイアウトにするために、「カラム」ブロックを挿入します。「カラム」の左右の大きさは、ひとまず **66/33**（**左 66 %**、**右 33 %**）を選びましょう。

↑左カラムを選択したところ

❷「カラム」が挿入されました。最終的に左右の比率は、**左 70 %**、**右 30 %**に設定しました。

↑左のカラムに移動

❸「クエリーループ」をマウスドラッグで左のカラム内に移動します。

↑右カラムにブロックを挿入

❹右カラム（右サイドバー）に「検索」「カレンダー」「アーカイブ」の 3 つのブロックを挿入します。いったん「ブロック」を挿入して、「カラム」に移動しましょう。

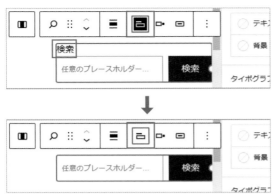
❺検索窓の左上のラベルは編集も可能です
が、「検索ラベルを切り替え」ボタンで非
表示設定できます。

⬆ラベルの非表示

❻「カラム」ブロックを選択して「グルー
プ化」を行います。

⬆「グループ化」

❼「グループ」の設定は、他のページ
と同様に❶レイアウト ➡ コンテンツに
1200px を入力し、❷高度な設定 ➡「ブ
ロック名」に main を入力し、❸ HTML 要
素を <main> に変更します。

⬆「グループ」の設定

❽「投稿テンプレート」を開き、「タイト
ル」にも記事ページへのリンクを設定しま
した。

⬆リンクを設定

❾「page.html」と同様に「カバー」と「スペーサー」を挿入します。

↑「カバー」と「スペーサー」を挿入

❿「カバー」の文字は、直接 "Blog" の文字を入力し、見出し h2 のテキスト中央寄せ、文字色を白に設定しましょう。

↑「カバー」の文字を設定

　ブロックの設定が済めば、「templates」フォルダ内に「home.html」を作成して、コードをコピー＆ペーストします。

↑コードエディターでコードをコピー

コピー＆ペースト

↑VSCode の「home.html」にペースト

　ファイルを保存すれば「home.html」テンプレートの完成です。「ブログ」ページに移動して、表示を確認しましょう。

↑「ブログ」ページ

●5.「single.html」: 個別投稿を作成する

「single.html」は、投稿を表示する「テンプレート」ファイルです。
「My Sweets Styles」では「ブログ」投稿の個別の表示に使用します。

↑「個別投稿」を選択

❶「テンプレート」を追加するために、**サイトエディター ➡ 左サイドバー ➡ テンプレート ➡ [+] ボタン**を押して、「個別投稿」を選びます。

↑「ヘッダー」と「フッター」を挿入

❷「パターンを選択」画面では、何も選ばずに [×] を押すか、[スキップ] を選択しましょう。
　作成した「個別投稿」に「ヘッダー」と「フッター」のテンプレートパーツを配置します。

↑投稿表示に必要な各ブロックを挿入

❸「ヘッダー」と「フッター」の間に「カテゴリー」「作者名 (投稿者名)」「日付 (投稿日)」「変更日 (投稿更新日)」「コンテンツ」「前の投稿」「次の投稿」の各ブロックを挿入します。

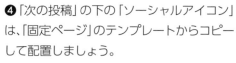

↑「固定ページ」からコピー

❹「次の投稿」の下の「ソーシャルアイコン」は、「固定ページ」のテンプレートからコピーして配置しましょう。

※「ブログホーム」の「カバー」は、画像上のタイトルが「見出し」ブロックなので注意してください。

↑［Ctrl］＋［V］でペースト

❺「個別投稿」へのペーストは、まず空の「段落」ブロックを作成し、作成したブロックを選択して［Ctrl］＋［V］でペーストを行います。

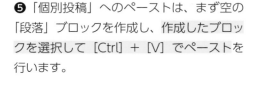

↑「グループ化」

❻「カテゴリー」「カテゴリー」「作者名」「日付」「変更日」を選択して「グループ化」を行いましょう。

↑「横並び」を設定

❼「グループ」を「横並びに変換」を設定し、「タイポグラフィ」➡「サイズ」をSに設定します。

↑「グループ化」

❽「前の投稿」「次の投稿」を選び、こちらも「グループ化」しましょう。

↑「中央揃え」に設定

❾設定は、❶「横並び」、❷レイアウト ➡「配置」は「中央揃え」です。

↑「グループ化」

❿「横並び」から「ソーシャルアイコン」までのすべてを選び、「グループ化」を行います。

↑main グループの設定

⓫「グループ」の設定は、他のページと共通の、❶レイアウト ➡ コンテンツに1200pxを入力し、❷高度な設定 ➡「ブロック名」に main を入力し、❸ HTML 要素を<main> に変更します。

↑複数のブロックのコピー

⓬他のページと同様に「カバー」と「スペーサー」を挿入します。「カバー」や「スペーサー」は、この場で作成しても、「固定ページ」のテンプレートからブロックをコピーしても OK です。複数のブロックを選択してコピーすることも可能です。

↑「カバー」と「スペーサー」を挿入

↑コードエディターでコードをコピー

コピー＆ペースト

↑VSCode の「single.html」にペースト

⓭ブロックの設定が終われば「templates」フォルダ内に「single.html」を作成して、コードをコピー＆ペーストしましょう。

↑「ブログ」の個別投稿ページ

⓮ファイルを保存すれば「single.html」テンプレートの完成です。ブログ一覧の記事タイトルをクリックして「個別投稿」ページを確認してください。

🧁 より詳しく

「投稿テンプレート、ページ送り、結果なし」がない？

「投稿テンプレート」「ページ送り」「結果なし」ブロックなどは、通常のブロックインサーター内には表示されません。いったん、**パターン** ➡ **投稿**から任意の投稿パターンを挿入して、「投稿テンプレート」を選択するとブロックインサーターに表示されます。

●6.「archive.html」：すべてのアーカイブを作成する

「archive.htm」は、「投稿のカテゴリー」「投稿のタグ」「投稿の日付（年、月、日）」などを表示する「テンプレート」ファイルです。

「カレンダー」や「アーカイブ（月別のアーカイブ表示）」ブロックを挿入したために、リンクをクリックした場合の表示用の「テンプレート」が必要となります。

「archive.html」は、その結果を表示するための「テンプレート」です。

より条件を絞った「日付アーカイブ」などもありますが、一般的な「すべてのアーカイブ」を作成します。

「テンプレート」を追加するために、**サイトエディター ➡ 左サイドバー ➡ テンプレート ➡ ［＋］ボタン**をクリックして、「すべてのアーカイブ」を選びます。

↑「すべてのアーカイブ」を選択

テンプレートの内容は1カ所を除いて「home.html（ブログホーム）」と同じなので、いったんすべてのコードを「home.html（ブログホーム）」からコピー＆ペーストするとよいでしょう。

変更箇所は、「ビジュアルエディター」に切り替え、**クエリーループ ➡ 設定 ➡「テンプレートからクエリーを継承」**を有効にしてください。

↑「テンプレートからクエリーを継承」を有効

修正後、「templates」フォルダ内に「archive.html」を作成して、コードをコピー＆ペーストしましょう。

🧁 より詳しく

テンプレートからクエリーを継承

　この設定を有効にすると、テンプレートは WordPress が自動的に生成するクエリー（例えば、アーカイブページや検索結果ページなどで表示される投稿リスト）をそのまま使用します。これにより、WordPress が標準で提供する動作に従ってページの内容を表示できます。

　一方で、この設定を無効化すると、テンプレートはメインのクエリーを無視し、独自のクエリーを使用してページの内容を決定します。これは、特定のカスタムポストタイプを表示したい、特定の条件で投稿をフィルタリングしたいなど、より具体的なカスタマイズが必要な場合に便利です。

　テンプレートが WordPress のデフォルトの動作を引き継ぐなら有効、独自の動作が必要なら無効ですね。

●7.「search.html」：検索結果を作成する

　「search.html」は、検索の結果を表示する「テンプレート」ファイルです。「home.html（ブログホーム）」と「archive.htm（すべてのアーカイブ）」に設置している「検索」ブロックによる結果表示に使用されます。

「テンプレート」を追加するために、**サイトエディター ➡ 左サイドバー ➡ テンプレート ➡ [＋] ボタン**を押して、「検索結果」を選びます。

⬆「検索結果」を選択

　「パターンを選択」画面では、何も選ばずに [×] を押すか、[スキップ] を選択しましょう。

　作成した「テンプレート」には、他のページと同様に「ヘッダー」と「フッター」「カバー」「スペーサー」のテンプレートパーツを配置します。

↑「見出し」に"検索結果"の文字を入力

❶「カバー」内のタイトルは、「タイトル」ブロックを「見出し」ブロックに変更して"検索結果"の文字を入力します。

↑「クエリーループ」の挿入

❷「スペーサー」の下には、検索でヒットした項目リストが表示されるように「クエリーループ」を挿入し、「新規」ボタンをクリックして「パターン」を選びます。

↑表示のパターンを選択

❸「パターン」は、単純なものでよいので「タイトルと日付」を選びました。

↑「テンプレートからクエリーを継承」を有効

❹「クエリーループ」の表示が「検索結果」の内容を反映するために、**右サイドバー ➡ ブロック ➡「設定」**で「テンプレートからクエリーを継承」を有効にします。

❺タイトルのクリックで個別投稿が表示されるように、「タイトル」ブロックを選択して「タイトルをリンクにする」を有効にします。

↑タイトルを記事にリンク

❻検索結果がゼロの場合に表示される文章は、結果なし ➡「段落」ブロックに入力します。ここでは、"お探しのページが見つかりませんでした。"を入力しました。

↑検索結果がゼロの文言を設定

❼「検索結果のタイトル」ブロックを挿入し、**右サイドバー ➡ ブロック ➡「設定」**で「タイトルに検索語を表示」を有効にします。このことによって、タイトルの右に検索時に入力された文字が表示されます。

↑「検索結果のタイトル」ブロックを挿入

❽「検索結果のタイトル」の下には「検索」ブロックを挿入して、ユーザーへの利便性を高めます。

↑「検索」ブロックの挿入

188

↑「グループ化」

↑「グループ」の設定

↑「検索」の設定

↑「検索結果」ページ

❾「検索結果のタイトル」「検索」「クエリー
ループ」を選択して「グループ化」を行い
ます。

❿「グループ」の設定は、**幅に1200px**、
ブロック名は**main**、HTML要素は**＜main＞**
の指定です。

⓫「検索」ボックスは、配置を**中央揃え**、
幅を**75%**に設定しました。配置の指定は
「グループ化」されたことによって可能と
なります。

⓬「検索結果」テンプレートの設定が完
了しました。「templates」フォルダ内に
「search.htm」を作成して、コードをコピー
&ペーストしましょう。

3 オリジナル「ブロックテーマ」の作成

●8.「404.html」：ページ：404 を作成する

　「404.html（ページ：404）」は、指定されたページ URL が存在しない場合に表示される「テンプレート」ファイルです。

↑「ページ：404」を選択

❶「テンプレート」を追加するために、**サイトエディター ➡ 左サイドバー ➡ テンプレート ➡ [+]ボタン**をクリックして、「ページ：404」を選びます。

　「パターンを選択」画面をスキップして、作成した「テンプレート」に「段落」ブロックを作成しておきましょう。

↑「ブロック」を選択してコピー & ペースト

❷次に、「検索結果」のテンプレートから「ブロック」をすべてコピーし、ペースト（[Ctrl] ＋ [V]）します。

↑不要な「ブロック」を削除

❸ペーストしたブロックから「ページ：404」に不要な❶「検索結果のタイトル」と❷「クエリーループ」を削除します。

↑「見出し」ブロックの作成

❹「検索」ブロックの上に「見出し」ブロックを作成して、"ページが見つかりませんでした。"のテキストを入力すれば完成です。

「templates」フォルダ内に「404.html」を作成して、コードをコピー&ペーストしましょう。

今回、「My Sweets Styles」ではコメント機能などを割愛し、8種類の「テンプレート」に限定して作成しました。「テンプレート一覧」を確認して「カスタマイズをクリア」を忘れずに行ってください。

↑作成した「テンプレート」の一覧

●9. その他テンプレートやブロック

◉カスタムテンプレート

　カスタムテンプレートは、どの投稿や固定ページでも自由に適用できる「テンプレート」で、特別にレイアウトしたいページなどの使用に最適です。作成は簡単です。

　「テンプレート」を追加するために、**サイトエディター ➡ 左サイドバー ➡ テンプレート ➡ [＋] ボタン**を押して、「カスタムテンプレート」を選びます。

⬆「カスタムテンプレート」

　自分だけで利用するのであれば、自由な名前を付けて作成するだけで、ページからの適用が可能です。

⬆名前の入力

　配布可能なテーマファイルとしての作成は、「templates」フォルダ内に任意のファイル名で作成して、他の「テンプレート」と同様にコードをコピー＆ペーストしてください。
　「theme.json」の name にファイル名（拡張子を除いたファイル名）、title に「サイトエディター」での表示名を記述します。
※「theme.json」に、この記述がなくてもファイル名で適用可能です。

```
"customTemplates": [
    {
        "name": "mycustom",
        "title": "MyCustom"
    }
]
```

　「カスタムテンプレート」のページへの適用は、適用するページを開いて、**設定 ➡ 投稿 ➡ テンプレートのプルダウンメニュー**から使用する「カスタムテンプレート」を選択してください。

🧁より詳しく
テンプレート

　WordPressには「テンプレート」という言葉が何種類か登場します。ここで少しまとめておきましょう。

テンプレート	WordPressの「テーマ」でページを組み立てるために読み込むhtmlファイルの総称です。
デフォルトテンプレート	初期状態でファイル名が決められ用途が決められている「テンプレート」です。 (index.html、single.html、page.htmlなど)
テンプレートパーツ	「デフォルトテンプレート」や「カスタムテンプレート」に読み込まれる小規模な「テンプレート」です。
カスタムテンプレート	ユーザーが作成した「テンプレート」です。 (特に「固定ページ」で利用される「テンプレート」)
テンプレート階層	特定のページ状態の時に、どの「デフォルトテンプレート」が使用されるかの優先順位です。

🧁より詳しく
ブロック

　作例では使用していないページ区切り機能などの「ブロック」を紹介します。

⚊	**続き**	「続き」ブロックを挿入した以前の部分のみをアーカイブ記事の抜粋として表示します。
⊟	**ページ区切り**	ページの内容を区切り、複数ページに分ける場合に使います。
⊢	**区切り**	「区切り」ブロックは、コンテンツのセクションを線やスペースで区切るのに使えます。<hr>が挿入されます。
⌐⊃	**続きを読む**	コンテンツのリンクを挿入します。ページ上部などの設置で「新しいタブで開く」などを設定するとよいでしょう。

ⓦ 8. お問い合わせ

「お問い合わせ」ページには、すでに固定ページにサンプルコンテンツとして「Contact Form 7」のショートコードが入力されています。

「Contact Form 7」(https://contactform7.com/ja/) は、日本語メールフォームとして非常によく利用されている国内製のプラグインの1つです。設定情報も多く、最初から用意されているサンプルフォームの「ショートコード」を設置するだけでも利用可能です。

●インストール

↑「プラグイン」画面

❶プラグインのインストールは、**管理画面メニュー ➡ プラグイン ➡「新規プラグインを追加」**から行います。

↑「Contact Form 7」を検索

❷「プラグインを追加」画面で、❶「キーワード」入力欄に "contact" と入力して「Contact Form 7」を検索してください。

❷「今すぐインストール」ボタンを押すとインストールが始まります。インストールが修了すると❸「有効化」ボタンが表示されるので、ボタンを押してプラグインを有効化しましょう。

↑インストールされた「Contact Form 7」

↑「Contact Form 7」の設定画面

❸「Contact Form 7」がインストールされると、サイドメニューに「お問い合わせ」の項目が現われます。クリックして、すでに用意されている問い合わせフォームの設定を行いましょう。

●フォームの設定

「Contact Form 7」の基本的な設定の流れは、❶問い合わせフォームを作成し、作成したフォームの❷「ショートコード」を「投稿」や「固定ページ」に配置することとなります。

↑「フォーム」タブを選択

❶インストール時に用意されているサンプルフォームをそのまま利用できるので、ここではサンプルフォームに「電話番号」のフォームを追加して利用しましょう。

「コンタクトフォーム 1」の「編集」をクリックして「コンタクトフォームの編集」画面に入ります。

↑メールアドレスの下を 1 行空けて「電話番号」を挿入

❷「フォーム」タグが選択されているので<label> メールアドレス [email＊ your-email] </label> の下に行を空け、「電話番号」ボタンをクリックします。

「フォームタグ生成」ウィンドウが表示されるので、必要な設定を行います。本カスタマイズでは「項目タイプ」の「必須項目」にチェックを入れました。これで「電話番号」入力が必須項目として設定されました。

「Contact Form 7」専用のタグは挿入されますが、HTML やテキストなどは挿入されないので、他の記述に従って **<label> お電話番号 [tel＊ tel-XXX]</label>** と入力しましょう。

※ XXX は生成される番号に変えてください。「メール」タブにエラーの警告が表示されている場合は、必要な場合は指示に従って解消しましょう。

⬆「必須項目」にチェックを入れて「タグを挿入」ボタン
を押す

⬆ラベルタグの追記

　次に、実際に管理者へ送られる自動返信メールの設定です。サンプルフォームに「電話番号」
を加えたので、このままでは送信するメールに「電話番号」が含まれていません。「メール」タ
ブを選択して、太文字で表示されている「電話番号」用の「メールタグ」を「メッセージ本文」
にコピー＆ペーストで加えましょう。

　❶「メール」タブには、その他送信メールに関する重要な設定が並んでいるので、必要があれ
ば適宜確認し、変更しましょう。
　初期設定では WordPress インストール時に、❷管理者登録したメールアドレスが送信先（メー
ル受け取り）として設定されています。
　❸送信元メールアドレスなどは、初期設定のまま使用せずに、利用環境に合わせてください。
　❹メール（2）➡「メール（2）を使用」のチェックを入れると、フォーム入力者への自動返信メー
ルの設定が可能です。

↑メール本文の確認

●ページへの設置

メールフォームの設定が終了すると、最後はページへの設置です。

「Contact Form 7」は「ショートコード」を設置することによって表示されるので、「ショートコード」が設置可能な場所であれば、どこでも設置できます。

↑「Contact Form 7」ブロック

❶「My Sweets Styles」のコンテンツデータを読み込んでいるので、**固定ページ ➡ 「Contact」**を開くと、「Contact Form 7」のブロックが配置されています。

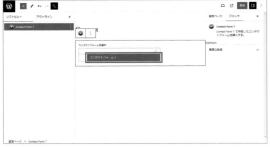
❷使用するフォームのリンクが切れているので、プルダウン項目から「コンタクトフォーム 1」を選びましょう。

⬆プルダウンからフォームを選択

「Contact Form 7」の「ショートコード」は「Contact Form 7」ブロック以外に「段落」や「ショートコード」用のブロックにも配置可能です。

※「段落」にショートコードを配置すると「ショートコード」ブロックに変換されます。

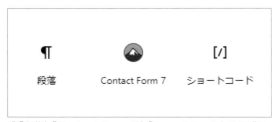

⬆「段落」「Contact Form 7」「ショートコード」の各ブロック

「フォーム」の配置が完了したあと、フロント画面に移動して表示を確認してください。実際のフォームへの記入や「送信」ボタンをクリックしたときの動作などのチェックも忘れずに！

※「Local」による構築環境では、実際のメールの送受信はできません。ローカル開発環境でメールテストを行うときは「MailHog」を利用します。

⬆「お問い合わせ」ページにメールフォームが設置された

ⓦ 9. functions.php の作成

「functions.php」は「テーマ」にとって必須ファイルではありませんが、その「テーマ」のための様々な設定を PHP で記述可能なファイルです。

それでは、「My Sweets Styles」に「functions.php」を作成しましょう。作成する場所は、「style.css」と同じ場所、テーマフォルダの直下です。

⬆「functions.php」を作成

●CSS ファイルの読み込み

ここでは、まず style.css を <head> に読み込む設定を記述します。テーマの詳細情報を記述した style.css ですが、<head> に読み込むことによってレイアウトのための CSS ファイルとして有効となります。

functions.php の記述

```php
<?php

function twpp_enqueue_styles() {
    wp_enqueue_style( 'style', get_stylesheet_uri() );
  }

  add_action( 'wp_enqueue_scripts', 'twpp_enqueue_styles' );
```

PHP の開始タグ「<?php」は記述しますが、終了タグ「?>」は重複などのエラー回避のためにも省略します。これで、style.css に記述した CSS がページに反映されます。空の「functions.php」を設置するとエラーが発生しますので注意してください。

WordPress には CSS や JavaScript ファイルを読み込むための「エンキュー」という推奨利用された機能があります。この機能を利用するとファイルをサイトに追加する順序を制御し、必要なときにのみ、それらを読み込むことができます。

コードに記されている wp_enqueue_style は、スタイルシートをキューに追加する関数で、get_stylesheet_uri() 関数で現在のテーマのスタイルシートの URL を取得し、そこにある style という名前の CSS ファイルを読み込みます。

　add_action はスタイルシートを実際に読み込むタイミングを指定しています。

●フォントの読み込み設定

　「ブロックテーマ」では、デバイスにインストールされていない任意のフォントを使用するための方法が幾つか用意されています。本書では、ホームページやカバーの見出し、フッタの英文などの書体として Goole Fonts (https://fonts.google.com/) の「Parisienne（パリジェンヌ）」を <head> に読み込んで（エンベッド）使用します。

※ Google Fonts の利用方法は割愛します。

⬆fonts.google.com の「Parisienne（パリジェンヌ）」

　読み込みは、CSS ファイルの読み込みに使用した、wp_enqueue_style 関数によって行います。

functions.php の記述

```
function add_google_fonts() {
    wp_enqueue_style( 'google-fonts', 'https://fonts.googleapis.com/css2?
family=Parisienne&display=M+PLUS+Rounded+1c:wght@300&display=swap', false
);
}
add_action( 'wp_enqueue_scripts', 'add_google_fonts' );
```

google-fonts	スタイルシートのユニークな名前（ハンドル）として使用されます。
https://fonts...	フォントのURLとなります。
false	このスタイルシートが依存する他のスタイルシートのハンドルの配列です（読み込みの親子関係などを記述）。

Section 03　CSS によるレイアウト

最後に読み込み設定された「style.css」に、各ページのレイアウトを記述します。
本書サンプルサイトのために作成した CSS は、可能な限り WordPress のクラス名とデフォルトのスタイルを利用しています。

　「style.css」には、文字化けなど思わぬアクシデントを避けるために、念のため最上部に文字コード設定 **@charset "utf-8";** を加えておきます。
　CSS は CSS ネスティングで記述しています。

共通部分とテンプレートパターンのレイアウト

　共通部分、「ヘッダー」「フッター」のレイアウトを行います。各テンプレートで <body> に付与されるクラスを利用してレイアウトをおこないます。セレクタをまとめて書くことも可能ですが、見やすさのために分けて記述しています。

共通部分

```
/** common **/
.wp-site-blocks{
    position: absolute;
    width: 100%;

    & .wp-block-cover{
        margin-block-start: 80px;
    }

    & main{
        padding: 0 0.5em;
    }
}

.page,
.blog,
.archive,
.single,
```

<header> の position:fixed; に対応するために <body> 直下の wp-site-blocks クラスに対するスタイル

<header> に隠れないように「カバー」ブロックの上アキを調整

<main> の左右に 0.5em の余白を設定

201

```
.search,
.error404{
    & .wp-block-cover{
        & h2{
            font-family: "Parisienne";
            font-size: 2em ;
            font-weight: normal;
        }
    }
}
```

各ページの「カバー」ブロックに表示するタイトルのフォントの設定

ヘッダー

```
/** header **/
header.wp-block-template-part{
    position: fixed;
    width: 100%;
    height: 80px;
    z-index: 200;
    background-color: rgba(255, 0, 255, 0.5);
    box-shadow: 0px 2px 2px rgba(0, 0, 0, 0.3);
    > .wp-block-group{
        margin: 14px;
    }
    & a.wp-block-navigation-item__content span{
        display: block;
        border-radius: 8px;
        line-height: 30px;
        padding: 0 5px;
        background-color: rgba(255, 50, 255, 0.6);
        color: #fff;
        transition-duration: 0.5s;
        &:hover{
            background-color: rgba(181, 0, 181, 0.6);
        }
    }
}
```

<header>をページ上部固定と背景色などスタイル設定

ロゴとボタン位置の調整

ボタン背景色などスタイル設定

ボタン背景色アニメーションのための遅延設定

ボタンhoverの背景色設定

フッター

```
/** footer **/
footer{
    background-color: rgba(255, 0, 255, 0.5);
    padding: 3px 10px;
    box-shadow: 0px -2px 3px 0px rgba(0, 0, 0, 0.3);
    font-family: "Parisienne";
    text-align: center;
    line-height: 1em;
    color: rgba(255, 255, 255, 0.8);
}
```

> <footer>に対する背景色、コピーライトのフォントや文字位置などのスタイル設定

Welcome（フロントページ）

「Welcome」は、固定ページのテンプレート「front-page.html」によって表示されます。「front-page.html」には、<body>にhomeのクラスが付与されるので、こちらを利用してスタイル設定を行っています。

「段落」ブロックの"ようこそ..."には、規定のクラスだけではセレクタが複雑になりそうだったので、「追加CSSクラス」に **"greetings"** を設定しました。

⬆ 固定ページに "greetings" クラスを追加

```
/** Home(Welcome)**/
.home{
    & h2,
    & h3{
        position: relative;
        font-family: "Parisienne";
    }
    & h2{
        font-size: 5vw;
        margin: 0;
        color: #a92323;
```

> 見出し（h2、h3）のレイアウト設定 破線のためのposition設定

> "Welcom to..." 見出し（h2）のレイアウト設定

```
    }
    & .greetings{
        line-height: 2em;
        font-size: 1.2em;
        margin-block-start: 2em;
        margin-block-end: 4em;
    }
    & h3{
        font-size: 3em;
        color: #555;
        &::after {
            content: '';
            position: relative;
            width: 3em;
            margin: auto;
            display: block;
            border: dashed 1px #a5a5a5;
        }
    }
    & .wp-block-cover{
        & h2{
            font-size: 3em !important;
        }
    }
    & .wp-block-columns.is-layout-flex{
        gap: 5vw;
        width: 80%;
        & .wp-element-caption{
            font-family: "Parisienne";
        }
    }
    & .wp-block-latest-posts{
        width: fit-content;
        line-height: 2em;
        & li{
            display: flex;
            flex-direction: row-reverse;
            text-align: left;
            justify-content: flex-end;
            & time{
                width: 10em;
                font-size: 1em;
            }
        }
    }
}
```

"ようこそ…" コピーのレイアウト設定 greetingsクラスは固定ページの「追加CSSクラス」に記述しています

見出し（h3）文字設定

見出し（h3）下破線設定

カバー内見出し（h2）の文字サイズを優先指定

スタッフ紹介（Staffs）のカラムレイアウトと書体設定

最新投稿（News）のリストレイアウト

Cakes Gallery（ギャラリー）

「Cakes Galler」は、固定ページのテンプレート「page.html」によって表示されます。「ギャラリー」ブロックを使用していますが、CSS によるレイアウトはデフォルトのままで変更しません。

Blog（ブログ）

「Blog」は、ブログホームのテンプレート「home.html」によって表示されます。「home.html」には、<body> に blog のクラスが付与されます。記事のリンク先の表示で使用される「個別投稿（single.html）」のテンプレートに関するレイアウトは行っていません。

左右の「カラム」は、クラス名に違いがないので、「追加 CSS クラス」で任意のクラス名を付けた方がレイアウトしやすいでしょう。

なお、右サイドバーの「カレンダー」や「アーカイブ」のリンクで表示される「archive.html」には、<body> に archive のクラスが付与されます。どちらも同じレイアウトを行っています。

見出し

```
/** Blog Archive **/
.blog,                                          ──┐ 「ブログホーム」と「アーカイブ」
.archive{                                        ─┘ ページに同じレイアウトを適用
    & .wp-block-columns-is-layout-flex {
        gap: 1em;                               ───── 左右カラムの間隔を設定

        & li.wp-block-post {
            margin-block-end: 3em;              ───── 左メインエリアの記事の後ろマージンを設定

            & h2{
                margin-block-start: 0;          ──┐ 見出しの前後マージンを設定
                margin-block-end: 0;             ─┘

                & a{
                    text-decoration: none;      ───── リンクテキストの下線削除
                }
            }
        }
        & .wp-block-calendar,
        & .wp-block-archives-list{
            margin-block-start: 2em;            ───── 右サイドバーのアーカイブ
        }                                             リストの前マージンを設定
    }
}
```

Contact（お問い合わせ）

　「Contact」は、固定ページのテンプレート「page.html」によって表示されます。レイアウト
は、「Contact Form 7」が出力するクラスを利用します。各フォームのタイプごとに簡潔にレイ
アウトしました。

見出し

```
/** contact **/
.wpcf7 form {
    display: block;
    width: 80%;
    max-width: 1000px;
    margin: 0 auto;


        & input[type="text"],
        & input[type="email"],
        & input[type="tel"],
        & input[type="submit"] {
            width: 100%;
            height: 2em;
            border: 1px solid #a5a5a5;
            padding: 0 0.8em;
            border-radius: 10px;
            color: #525252;
            font-size: 1.5em;
        }
        & textarea {
            width: 100%;
            height: 10em;
            border: 1px solid #a5a5a5;
            margin-bottom: 1em;
            padding: 5px;
            border-radius: 10px;
                        color: #525252;
            font-size: 1.5em;
        }
```

フォーム（form）のレイアウト設定

フォーム（テキスト、メール、電話、送信ボタン）の基本レイアウトを一括指定

テキストエリアのレイアウト設定

```
        & input[type="submit"] {
            display: block;
            width: 80%;
            margin: auto;
            background-color: #968c8c;          送信ボタンの設定
            color: #fff;
            height: 2em;
            line-height: 1em;
        }
}
```

検索結果

　「検索結果」のページでは、<body> に search のクラスが付与されます。余白の調整のみを行っています。

見出し

```
/** Search **/
.search{
    & main{
        padding-block-end:50px;              メイン（main）とフッターの
                                             間隔調整のため、メインエリア
                                             の記事の後ろマージンを設定

        & ul{
            margin-block-start: 2em;         リストと検索窓の間隔調整
            & li{                            のため、前マージンを設定
                display: grid;
                grid-template-columns: 1fr 1fr;  検索結果のタイトル、日付
                align-items: center;             のリスト表示をレイアウト
                & h2{
                    font-size: 1.5em;
                    font-weight: normal;     検索結果リストのタイト
                    margin: 0;               ル見出しのレイアウト
                }
            }
        }
    }
}
```

404ページ

「ページ :404」のページでは、<body> に error404 のクラスが付与されます。余白の調整のみを行っています。

コード

```
/** 404 **/
.error404{
    & main{
        padding-block-end:50px;
    }
}
```

メイン（main）とフッターの間隔調整のため、後ろマージンを設定

レスポンシブ

WordPress の「ナビゲーション」ブロックなどは、600 ピクセルをブレイクポイントとしたモバイルファーストの設定が行われています。599 ピクセルでモバイル用のハンバーガーメニューが表示されます。

本書サンプルテーマ「My Sweets Styles」では、モバイル対象のレスポンシブレイアウトは特に行っていませんので御了承ください。

🧁 COLUMN

ハンバーガーメニュー、ドロワーメニュー、オフキャンバスメニュー

現在では PC サイトでもよく目にするこれらのメニューは、主としてモバイル用メニューとして登場しました。基本的には上部、下部、左右などからボタンをクリックして現われるメニューで、呼び名は様々です。

「ハンバーガーメニュー」は、ハンバーガーに似たボタンアイコンに付けられた名称なので、厳密にはメニュー表示の動作を表すものではありません。現在ではメニューが表示されるボタンとして周知されていますが、登場初期の頃は一体何のアイコンか？などと頭をひねったものです。

「ドロワーメニュー」のドロワーは「引き出し」の意味で、文字どおり引き出しを開くようにメニューが開閉する状態をいい、「オフキャンバスメニュー」も同様の意味でよく使われる呼び名です。

テーマのスクリーンショット画像：screenshot.png

最後にテーマのスクリーンショット画像を作成して設置しましょう。設置する場所は、「style. css」と同じ場所、テーマフォルダの直下で、ファイル名は「screenshot.png」です。

単なる「テーマ」のサムネイル画像ですが、他の「テーマ」との区別を視覚的に明確にするためにも重用なファイルです。「テーマ」のスクリーンショットを元に作成してもよいのですが、たんにテーマ名のテキストを配置するだけでも十分にその役目を果たします。

推奨される画像はサイズは、**880 ピクセル× 660 ピクセル**、**PNG 形式**の画像です。管理画面では適宜リサイズされて表示されます。

本テーマのサイズは少し大きく**1200 ピクセル× 900 ピクセル**で作成しました。

⬆**screenshot.png**

さっそく **管理画面メニュー ➡「外観」** を確認しましょう。「テーマ」のスクリーンショットが表示されたでしょうか。ようやくオリジナルの「テーマ」らしくなりましたね。

⬆**screenshot.png**

🧁 より詳しく

Create Block Theme プラグインでフォントを追加

「Create Block Theme」プラグインを利用すると、フォントを管理画面から効率よく管理できます。「テーマフォントを管理する」を選択して、❶「Google Font を追加」ボタンを押します。

⬆**Create Block Theme へフォントの追加**

「テーマに Google フォントを追加」画面で❷「フォントを選択」のプルダウンで目的のフォントを選択します。❸フォントファミリーから必要な書体を選択して、❹「テーマに Google フォントを追加」ボタンを押して追加します。

⬆**Google Font を追加する**

選択された書体は、自動的に /assets/fonts にダウンロードされ、「theme.json」にはフォントファミリーのプリセットが書き込まれます。

※日本語書体では、ファイルサイズがダウンロードの初期設定値を超えるためにダウンロードエラーが発生します。

My Sweets Styles テーマの完成

「ブロックテーマ」で作る「My Sweets Styles」は完成できたでしょうか。

「ブロックテーマ」の作成のコツは、「サイトエディター」を十分に活用し、「ブロック」を使いこなすことです。

「クラシックテーマ」の作成に慣れた人にとっては頭の切り替えが必要ですが、WordPress の進化が次の段階へと進んだことが実感できるでしょう。

今回の「My Sweets Styles」では、コメント出力ページなどを始め、いくつかの一般的な「テンプレート」や機能を作成していません。CSS に利用するクラス名も、WordPress が出力するクラス名をそのまま利用しています。より完成度の高い「ブロックテーマ」とするには、まだまだ手を入れる必要がありますが、「ブロックテーマ」作成の入口に立ったのではないでしょうか。

🧁 **COLUMN**

外国語「テーマ」の日本語翻訳

できれば、日本語化された国内制作のテーマ、または日本語翻訳済みテーマの利用が望まれますが、WordPress の魅力は世界中の数多くの良質な「テーマ」が手に入ることです。気に入った外国製のテーマがあれば翻訳もトライしてみてください。すべてを翻訳する必要はありませんので、フロント画面で目立つ部分から翻訳を進めるとよいでしょう。

WordPress のローカライズ（翻訳）した言語ファイルの作成は「Poedit」（https://poedit.net/）を利用するのが一般的です。無料版では、10 件までのオンライン提案を利用することが可能です。オンライン提案とは、すでにストックされた翻訳例を参照する機能で、効率的に本格的な翻訳をするには必要不可欠となる機能です。オンライン提案の制限を解除するには、プロ版を購入することで可能となります。

⬆「Poedit」のオフィシャルサイト（https://poedit.net/）

日本語 URL を避けるスラッグ？

　タイトルに日本語を使用した WordPress の記事投稿では、ページの URL をコピー＆ペーストすると、https:XXX.com/%e4%bc%9a%e7%a4%be%e6%a6%82%e8%a6%81 のような感じになってしまいます。

　もちろん、見た目は恰好が悪いのですが、URL に日本語が含まれていることが SEO 的には良くも悪くも影響しない様子です。

　AI が検索のシステムを大きく変えようとしている今、旧来の SEO 手法は意味を持ちませんが、URL に日本語を含みたくない場合は、スラッグを半角英数で設定しましょう。

Font Awesome や Google Fonts の読み込みはプラグインで?!

　「Google Fonts」やテーマに関係せずにアイコンフォント「Font Awesome」の読み込みは、プラグインによる利用が手軽でとても便利です。

　ただし、プラグインによる読み込みは便利な反面、プラグインの数が多くなると WordPress のシステムに負荷がかかる原因となるので注意してください。

⬆「Google Fonts」用のプラグイン

⬆「Font Awesome」用のプラグイン

SECTION

04 その他のテーマ紹介

筆者が注目するピュアな「ブロックテーマ（FSE テーマ）」を紹介します。どちらも
WordPress.org のテーマライブラリからダウンロードが可能です。

●「Cormorant」 https://ja.wordpress.org/themes/Cormorant

　Koji Kuno 氏による国内製の「ブロックテーマ」です。WordPress の基本機能を利用できるように、シンプルな設計となっています。カスタマイズの利便性が考慮され、theme.json やCSS による装飾を少なくしています。

　「テンプレート」はシンプルに、代表的なヘッダーやフッターレイアウトの「パターン」としてを多く揃えています。簡単にページレイアウトのバリエーションを試せるでしょう。wordpress.org のテーマディレクトに登録されています。

　「テーマ」のダウンロードは、wordpress.org の公式ディレクトリから行うか、またはオフィシャルサイトから行ってください。

●「Raft」 https://themeisle.com/themes/raft/

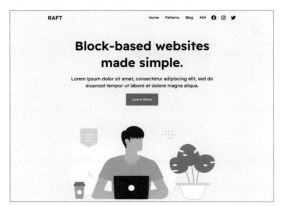

　デザイン性と拡張性の高い、バランスのとれた海外製の WordPress テーマです。ブランドサイトの他、ビジュアルイメージを大切にしたコーポレートサイトなどの構築にも向いているでしょう。

　海外製の「テーマ」ですが日本語翻訳もされていますので、日本語とのバランスもよいように感じます。無料版があり、wordpress.org のテーマディレクトに登録されています。

　「テーマ」のダウンロードは wordpress.org の公式ディレクトリから、またはオフィシャルサイトから行ってください。

インターネットサーバーに
WordPress 環境を構築

この Chapter 4 では、実際のインターネットサーバーに WordPress をインストールする手順や作成したテーマファイルのアップロード方法を紹介します。

01 ファイルアップロード ソフト

インターネット上のサーバーにファイルをアップロードするには、一般的にはFTPソフトを利用します。

ここでは、フリーのFTPソフトとして信頼性の高い「FileZilla」のインストールを紹介します。

FileZillaのダウンロードとインストール

FTPソフト（FTPクライアント）は、インターネット上でファイルを転送するためのアプリケーションです。FTP（File Transfer Protocol）は、コンピューター間でファイルを送受信する際に使用されるプロトコルの1つで、FTPソフトはこのプロトコルを使用してサーバーとクライアント（ローカルPCなど）間でデータをやり取りします。

Ⓦ ダウンロード

最新版の「FileZilla」は、本家オフィシャルサイト（https://filezilla-project.org/）から "FileZilla Client" のボタンをクリックしてダウンロードページに移動してください。

↑FileZillaのダウンロードページ

❶「FileZilla」は、Windows 版の他、mac OS、Linux 版などの利用が可能です。

　Windows 64bit 版以外のダウンロードは、❶各 OS のアイコンをクリックすることによってページが切り替わります。利用している OS に合わせてダウンロードを行ってください。

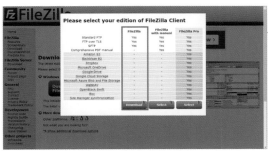

❷ダウンロードする「FileZilla」のタイプを選びます。通常は、一番左の「FileZilla」のダウンロードボタンをクリックして、ダウンロードを開始するとよいでしょう。

❸「FileZilla」のマニュアルが必要であれば「Get the Manual！」をクリックします。必要なければ「Close」をクリックしてウィンドウを閉じてください。

ⓦインストール

　「FileZilla」の圧縮されたインストーラーがダウンロードできれば、起動してインストールを始めましょう。

❶インストール時に「ユーザーアカウント制御（User Account Control)」のセキュリティ確認画面が表示されたら「はい」をクリックして許可してください。

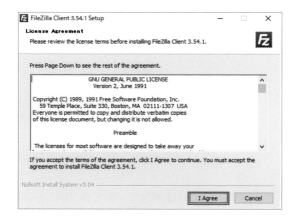

❷まず最初にライセンスに関する同意の確認です。「I Agree」をクリックして同意します。

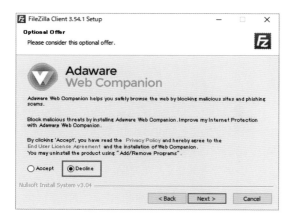

❸「Adaware Web Companion」のインストール許可を求めるメッセージです。セキュリティソフトの一種ですが「FileZilla」とは関係ありません。必要のない場合は「Decline（辞退）」を選択して先に進めましょう。

※不用意にインストールしてしまった場合は、のちほどアンインストールを行いましょう。

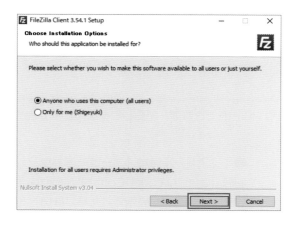

❹インストール先（利用できるユーザー）の確認です。すべてのユーザー対象でよければ「Next」をそのままクリックしてください。

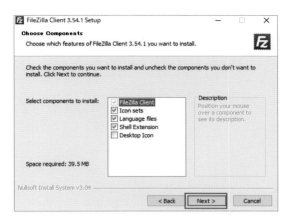

❺インストールする関連のコンポーネント
の確認です。そのまま「Next」をクリック
してください。

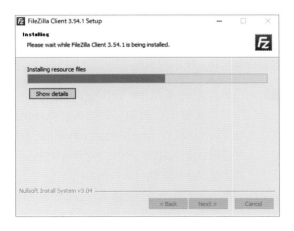

❻インストール先フォルダの設定です。変
更がなければ、「Next」をクリックしてく
ださい。

❼インストールが始まり、プログレスバー
が表示されます。

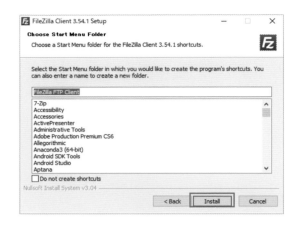

❽インストールはすぐに終了します。インストールした後、スタートメニューへの登録が表示されます。「Install」をクリックしてください。

❾最後に「FileZilla」の起動確認が表示されます。[Finish] をクリックして、完了してください。

●「FileZilla」を日本語に設定する方法

本家オフィシャルサイト（https://filezilla-project.org/）からダウンロードした「FileZilla」は英語で起動します。日本語に変更するには、次の手順に従ってください。

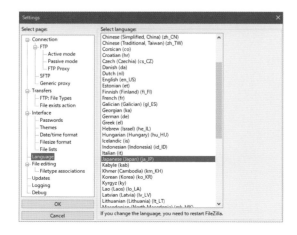

メニュー：Edit ➡ Settings で設定ウィンドウを表示します。次に「Language」をクリックし、「Japanese(Japan)ja_JP」を選択します。[OK] ボタンをクリックして設定を保存します。

言語表示を切り替えるためには、「FileZilla」を再起動する必要があります。プログラムを一度終了し、再度起動してください。

Section
02 ウェブサーバーの準備

現在、WordPress を設置できるサーバーをお持ちでない場合は、エックスサーバー株式会社が運営する無料サーバー、「シン・クラウド for Free（https://www.xfree.ne.jp/）」（旧エックスフリー）の利用がお勧めです。

無料サーバーの利用例

「シン・クラウド for Free」は、無料といっても有料サーバーと同等のサーバー環境を提供していますので、サイト構築の確認や趣味のサイト運営にとどまらず、本格的なサーバー運営までシームレスに対応可能です。

ここでは、「シン・クラウド for Free」の利用開始方法とサーバー環境の設定を例に紹介します。なお、すでに他のレンタルサーバー、VPS、クラウドなどを利用している方は、新たなサーバーの準備は必要ありません。

すでに WordPress を設置できるサーバーをお持ちの人は、「一般的な WordPress のインストール」233 ページを読み進めてください。

Ⓦ シン・クラウド for Free サーバーの申し込み

「シン・クラウド for Free」サーバーの申し込みとコントロールパネルの確認手順を簡単に紹介します。

サーバー利用手続きには「メールアドレス」「任意のアカウント名」「任意のパスワード」が必要です。また、WordPress のインストールにも「任意の ID(アカウント名)」「任意のパスワード」が必要となります。

入力する「メールアドレス」、「ID(アカウント名)」、「パスワード」は、設定ミスなどを起こさないように必ずテキストエディタなどに入力した後、コピー＆ペーストでフォームへ入力しましょう。

↑入力内容の確認

❶入力内容の確認

　表示された入力内容に間違いがないかを確認して「次へ進む」ボタンをクリックしましょう。

↑本人確認のための確認コードの取得

❷確認コードの取得

　個人認証を受けるための電話番号を入力します。テキストメッセージ（SMS）または音声（電話）による確認コードの受け取りを選択して「確認コードを取得する」ボタンをクリックしましょう。

↑受け取った確認コードを入力

❸確認コードの入力

　受け取った確認コードを入力し、「認証してサーバー申し込みに進む」ボタンを押してください。

↑「お申し込み」から申込画面へ

❹「お申し込み」から申込画面へ

https://www.xfree.ne.jp/ にアクセスして「お申し込み」ボタンをクリックしてください。

↑「すぐにスタート！新規お申込み」ボタンをクリック

❺メールアドレスを入力して申込完了

「シン・クラウド for Free お申し込みフォーム」画面で、「すぐにスタート！新規お申込み」ボタンをクリックします。

↑必要事項を入力

❻必要事項を入力

メールアドレス、パスワード、名前、住所など必要事項を入力し、「利用規約」「個人情報の取り扱いについて」に同意するチェックを選択して「次へ進む」ボタンをクリックしてください。

↑「確認コード」を入力

❼【シン・アカウント】ご登録メールアドレス確認のご案内メールを受信

しばらくすると【シン・アカウント】ご登録メールアドレス確認のご案内メールが届きます。送られた「確認コード」を入力して「次へ進む」ボタンをクリックしてください。

4

インターネットサーバーにWordPress環境を構築

223

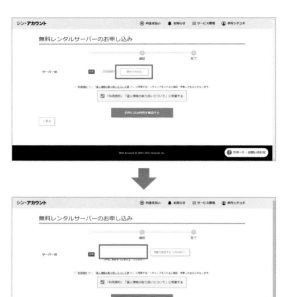

❽「サーバー ID」の登録

　「サーバー ID」を設定する画面が表示されます。勧められた ID を使用するか、「自分で決める」ボタンをクリックして任意の名前を設定してください。

　「サーバー ID」は変更できないので「自分で決める」を選んだ場合は、十分に考えて設定しましょう。

⬆️サーバー ID の設定

❾「サーバー ID」の確認

　表示されたサーバー ID を確認して問題がなければ、「申し込む」ボタンをクリックしましょう。

⬆️サーバー ID の確認

❿サーバーの申し込み完了画面

　無料レンタルサーバーの申し込み完了画面が表示されました。「「シン・クラウド for Free」契約管理トップへ」のボタンをクリックして管理画面へ移動しましょう。

⬆️申し込みの完了画面

❶「サーバーアカウント設定完了のお知らせ」

　サーバーの設定が完了すれば、「サーバーアカウント設定完了のお知らせ」のメールが届きます。自動で生成される「シン・アカウント ID」や FTP に使用する「サーバーパスワード」が記入されているので必ず目を通しましょう。

WordPressに必要なサーバー環境の確認と設定

　2023 年 11 月現在の WordPress のバージョンとアナウンスされている推奨サーバー環境は以下となります。最新の情報はオフィシャルサイトで確認してください。

● 推奨サーバー環境

> ・WordPress バージョン：6.2
> ・推奨サーバー環境　　　：php　7.4 以上
> 　　　　　　　　　　　　：mySQL 5.7 以上、MariaDB 10.4 以上

●「シン・クラウド for Free」の「WordPress サーバー」サーバー環境
（2023 年 11 月現在）

> ・PHP バージョン　　　　　　　　：8.2.9
> ・MariaDB（MySQL）バージョン：10.5.x
> ・「シン・クラウド for Free」のフリーサーバーでは HTTPS（SSL）は利用できません。

　WordPress インストール前に PHP のバージョンを確認し、必要があれば設定を行いましょう。管理画面トップから、**サーバー管理（サーバーパネル）➡ 目的のサーバー ID を選択して ➡ PHP ➡ PHP Ver. 切替 ➡ 鉛筆アイコン（編集ボタン）**をクリックして、表示されるパネルの**「変更後のバージョン」**で切り替えます。

インストール後の設定変更も問題ありませんが、変更後は WordPress の状態を確認して問題が見られる場合は、元のバージョンに戻しましょう。

⬆PHP バージョンの切り換え画面

●データベースユーザーとデータベースの作成

WordPress のコンテンツデータはすべてデータベースに保存されます。そのためデータベースの作成は不可欠です。通常、サーバーの初期状態では、データベースは作成されていないので、データベースとそのデータベースにアクセスするユーザー（アカウント）の作成が必要です。自身の利用するサーバーを確認して WordPress に利用するデータベース設定を行ってください。ここでは、「シン・クラウド for Free」を例に設定の手順を紹介します。

管理画面トップから、**サーバー管理（サーバーパネル）➡ 目的のサーバー ID を選択して ➡ データベース ➡「MySQL 設定」**に移動します。

画面の例では、「WordPress 簡単インストール」を行っているので、すでにデータベースとユーザーが作成されています。

⬆MySQL 設定画面トップ

⬆MySQL ユーザーの追加

❶まず、新たな WordPress インストール用に MySQL ユーザーを追加します。

　①「MySQL ユーザー設定」では、MySQL ユーザーの作成と管理が可能です。「ユーザーを追加」ボタンをクリックして新たなユーザーを追加しましょう。

⬆「MySQL ユーザー ID」と「MySQL パスワード」を入力

❷②「MySQL ユーザー ID」は、サーバーID との組み合わせで作成されます。3 文字以内の半角英数で付けてください。

　③「MySQL パスワード」は、8 文字以上の半角英数で付けてください。

⬆MySQL ユーザーが作成されたことを確認

❸ MySQL ユーザー、sweetsstyles_wpが作成されました。

↑MySQL ユーザーが作成されたことを確認

❹次に、「データベースを追加」ボタンを
クリックして MySQL データベースを追加
しましょう。

↑MySQL データベース名の入力

❺ ❹半角 16 字以内で MySQL データベー
ス名を入力します。

↑データベースが作成できた

❻新たなデータベースが作成されました。
作成したデータベースに❺「ユーザー設定」
ボタンをクリックして MySQL ユーザーを
割り当てます。

↑ユーザーとデータベースの紐付け

❼割り当てるユーザーは先ほど作成した
ユーザーです。表示されたパネルから「ユー
ザーを追加」ボタンをクリックして❻「既
存 MySQL ユーザーから選択」ラジオボタ
ンを選択して、❼「MySQL ユーザー ID」
でデータベースを選んでください。

❽「MySQL データベース」と「MySQL ユー
ザー ID」の紐付けを確認しました。

↑ユーザーが設定された

🧁より詳しく
データベースを追加する必要はない

　本書では、WordPress インストール用にデータベースを作成していますが、WordPress
のインストール時に設定する、テーブル接頭辞（プレフィクス）を変えることによって複
数の WordPress を同じデータベースにインストールすることも可能です。

03 WordPress の インストール

ここでは、「シン・クラウド for Free」サーバーへのインストール手順を紹介します。

シン・クラウド for FreeのWordPress簡単インストール

「シン・クラウド for Free」の「WordPress 簡単インストール」は、WordPress 本体のダウンロードやデータベースの設定を行う必要もなく非常に簡単です。

●1.「シン・アカウント」のトップページ

⬆「シン・アカウント」のトップページ

「シン・アカウント」のトップページではサービスに関する様々な確認と設定が可能です。「サーバー管理」のボタンをクリックして「WordPress 簡単インストール」を行いましょう。

●2.「サーバー管理（サーバーパネル）」

⬆「WordPress 簡単インストール」を選択

「サーバー管理（サーバーパネル）」画面で「WordPress」のテキストをクリックして表示される「WordPress 簡単インストール」の項目を選択してください。

「WordPress 簡単インストール」の画面で「新規インストール」ボタンをクリックします。

⬆「新規インストール」ボタンをクリック

●3.WordPress のインストール設定

　WordPress のインストールに必要な設定項目が表示されます。「WordPress 簡単インストール」ではホストやデータベース名、パスワードなどの設定は自動で行われるので失敗することなくインストールが可能です。

⬆WordPress の設定項目

　❶「サイト URL」にサブフォルダ名を設定してインストールを行うと、フォルダ毎に複数の WordPress を設置することも可能です。本書では設定しません。

　「ブログ名」「ユーザー名」「パスワード」「メールアドレス」の入力は必須となります。「ユーザー名」以外は、後ほど変更することが可能です。

　各項目への入力が済めば、❷「インストールする」ボタンをクリックしてください。

4

インターネットサーバーにWordPress環境を構築

●4. インストールされた WordPress を確認

「インストールする」ボタンがクリックされると WordPress のインストールはすぐに終わります。WordPress がインストールされたことを確認しましょう。

↑WordPress がインストールされたことを確認

サイトのフロント画面は、❸表示されている URL をクリックしてください。

❹「詳細」ボタンではインストールした WordPress のバージョンやデータベースの情報を確認することができます。

❺ログインボタンを押すと WordPress の管理画面に移動します。これは通常の "WordPress をインストールした URL/wp-admin/" でアクセスする管理画面と同じものです。

なお、サイトのフロント画面や、ログインボタンを押して「無効な URL…」が表示されても安心してください。インストールが完了し、URL で表示を確認できるまでには少し時間が掛かる場合もあります。

無効なURLです。
プログラム設定の反映待ちである可能性があります。
しばらく時間をおいて再度アクセスをお試しください。

↑しばらく待ちましょう…

一般的なWordPressのインストール

　ここでは WordPress の一般的なインストール手順を紹介します。簡単インストールと違って手間は多くなりますが、多くのサーバーにインストールが可能な手順となります。

WordPress のダウンロード

　WordPress のオフィシャルサイト（https://wordpress.org/）より、WordPress インストールファイルをダウンロードしてください。

- ・日本語 WordPress ダウンロードサイト
  　https://ja.wordpress.org/download/
- ・WordPress ダウンロードサイト
  　https://wordpress.org/download/

↑日本語 WordPress ダウンロードサイト　　↑WordPress ダウンロードサイト

より詳しく

オフィシャルサイトを間違えないように

　間違って wordpress.com を訪れた場合は、「はじめてみよう」のボタンなどをクリックして、ダウンロードのために https://wordpress.com/ja/ でアカウントを作成する必要はありません。WordPress のオフィシャルサイトは wordpress.org で、wordpress.com は Automattic が運営する WordPress 専用のホスティングサービスです。

ⓦ WordPress ファイルのサーバーアップロード

　WordPress ファイルを解凍し、信頼性のある FTP ソフト（例：FileZilla Client）を使ってサーバーにアップロードします。転送エラーが発生した場合は、以降の作業のトラブルの原因となるので、アップロードに失敗したかなどと心配なときは、再度、すべてのファイルをアップロードしてください。

●WordPress インストールファイルのアップロード場所

　ダウンロードした WordPress のパッケージは zip 形式に圧縮されています。サーバーの操作に慣れていれば、zip 形式で圧縮されたままのファイルをサーバー側で解凍することも可能ですが、ここではいったん解凍したファイルをサーバーへアップロードします。このときに大切なことは、インストールファイルをサーバーのどの場所（ディレクトリ）にアップロードするかです。

　いったんアップロードして、WordPress をインストールしたあとに、WordPress のファイルを移動することは初心者には難しい作業です。公開したい URL をよく検討してからファイルをアップロードしたり、インストールしたりしましょう。

ファイルのダウンロードとアップロード、インストール、ホームページ URL の関係

WordPress サイトの URL	アップロード方法	インストーラー起動 URL
https:// ドメイン /	公開フォルダの直下に「index.php」が入るフォルダ以下をアップロード	https:// ドメイン /
https:// ドメイン /任意のフォルダ /	公開ディレクトリ直下に解凍した WordPress フォルダのままアップロードして、フォルダ名を任意の名前に変更	https:// ドメイン / 任意のフォルダ /

※ wordpress のフォルダ名は、自由に変更してアップロードすることが可能です。ただし、インストールしたあとの変更には、大変手間がかかるので必要な場合は前もって行ってください。

　ドメイン URL で WordPress を公開したい場合は、解凍した WordPress フォルダ内の全ファイルをサーバーの公開フォルダ直下にアップロードしてインストールしましょう。

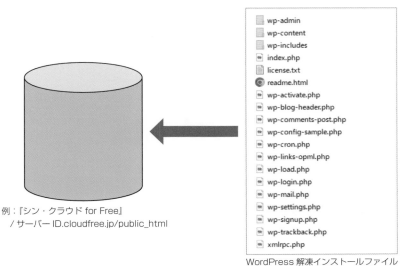

- wp-admin
- wp-content
- wp-includes
- index.php
- license.txt
- readme.html
- wp-activate.php
- wp-blog-header.php
- wp-comments-post.php
- wp-config-sample.php
- wp-cron.php
- wp-links-opml.php
- wp-load.php
- wp-login.php
- wp-mail.php
- wp-settings.php
- wp-signup.php
- wp-trackback.php
- xmlrpc.php

WordPress 解凍インストールファイル

例：『シン・クラウド for Free』
/ サーバー ID.cloudfree.jp/public_html

 アップロードイメージ

より詳しく
WordPress 簡単インストールのパスワードを確認

「WordPress 簡単インストール」で自動作成されるデータベース関連の設定情報は、❶「詳細」ボタンで確認することが可能です。

自動生成される「MySQL パスワード」は、マスクされている部分の❷目のアイコンをクリックすると、パスワードが表示されます。

⬆ マスクの解除で表示

シン・クラウド for Free の FTP 設定

「シン・クラウド for Free」では、すぐに利用できる FTP アカウントが初期設定されています。他に任意のアカウントを作成することも可能ですが、ここでは、初期 FTP アカウントの確認と「FileZilla」の設定を紹介します。

❶ FTP アカウントの確認

↑「FTP アカウント設定」

「メインの FTP アカウント（初期 FTP）」の確認は、❶「FTP アカウント設定」の❷「FTP ソフト設定」を選択して確認可能です。❸「FTP サーバー（ホスト）名」と「ユーザー（アカウント）名」は画面で確認可能ですが、❹「パスワード」は「サーバーアカウント設定完了のお知らせ」メールに記載されています、「サーバーパスワード」と「FTP パスワード」は同じです。

❷「FileZilla」の設定

↑「FTP アカウント設定」

「FileZilla」の設定を紹介します。

メニュー：ファイル ➡「サイトマネージャー」の画面で、❺「新しいサイト (N)」を押して名前を設定したあとに、FTP の設定を行います。❻ホスト (H):「FTP サーバー（ホスト）名」、❼ユーザー (U):「ユーザー（アカウント）名」、❽パスワード (W):「パスワード」を入力します。

他の設定はデフォルト設定のままでよいでしょう。設定が完了すれば「接続」ボタンをクリックして、サーバーに接続してみましょう。エラーなどが発生する場合は、再度設定をコピー&ペーストしてください。

接続先は、サーバーのルートとなります。公開ディレクトリは通常、/ 設定したサーバー ID.cloudfree.jp/public_html となるので、必要な場所に移動しましょう。

●インストール手順

　それでは早速、WordPress のインストール作業を進めましょう。WordPress は、CMS の中でもインストール設定の簡単な CMS の 1 つです。

　インストールを起動するには WordPress をアップロードした URL にブラウザでアクセスしてください。インストール起動の URL は、WordPress の公開 URL です。

❶インストール案内画面

　WordPress.org などでダウンロードしたファイルは、最初に使用する言語設定が表示されます。必要な言語を選んで［Continue］ボタンをクリックしてインストールを進めてください。

↑言語設定

　ブラウザには、最初のインストール案内が表示されます。

　いろいろと文章が書いてありますが、ここではインストール時に必要な 5 つの項目を確認してください。これらの項目は、前もってテキストファイルなどに転記して用意しておきましょう。

WordPress へようこそ。作業を始める前にデータベースに関するいくつかの情報が必要となります。以下の項目を準備してください。

1. データベース名
2. データベースのユーザー名
3. データベースのパスワード
4. データベースホスト
5. テーブル接頭辞 (1つのデータベースに複数の WordPress を作動させる場合)

この情報は wp-config.php ファイルを作成するために使用されます。 もし何かが原因で自動ファイル生成が動作しなくても心配しないでください。 この機能は設定ファイルにデータベース情報を記入するだけです。 テキストエディターで wp-config-sample.php を開き、データベース情報を記入し、wp-config.php として保存することもできます。 さらに手助けが必要ですか？ わかりました。

おそらく、これらのデータベース情報はホスティング先から提供されています。データベース情報がわからない場合、作業を続行する前にホスティング先と連絡を取ってください。すべての準備が整っているなら...

さあ、始めましょう！

↑ブラウザに表示された確認項目

❷インストールのための入力

インストールに必要な各種の値を入力して、「送信」ボタンをクリックしてください。

データベースに接続できないなど、設定ミスでエラーが発生した場合は指定場所を修正して、再度「送信」ボタンを押してください。

タイピングによる入力ミスはよく起こります。必ずファイルなどから設定をコピー＆ペーストしてください。

❶データベース名

WordPressで利用するデータベースの名前を入力します。

❷データベースのユーザー名

「データベース名」で設定したデータベースにアクセスできるユーザー（アカウント）です。

❸データベースのパスワード

「データベース名」で設定したデータベースにアクセスするためのパスワードです。

❹データベースのホスト

「データベース名」で設定したデータベースのURLやIPアドレスです。"localhost" という記述で指し示すことができるサーバーが多いので、まずは "localhost" を入力してもよいでしょう。

❺テーブル接頭辞

データベース内で、各データテーブルの名称に追加される接頭辞の指定です。初期値で「wp_」が設定されていますが、変更することも可能です。同じデータベースに複数のWordPressをインストールする場合は、この接頭辞を変更してテーブル名が重複しないように設定しましょう。

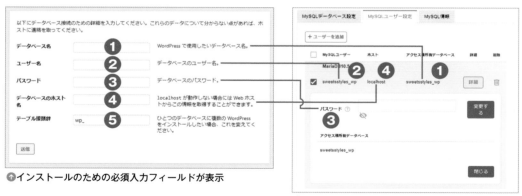

↑インストールのための必須入力フィールドが表示

↑「シン・クラウド for Free」のデータベース設定との対応例

❸インストール実行

インストールに必要な各項目に問題がなければ、ここで本当にインストールが開始されます。それでは「インストール実行」ボタンをクリックしてください。

↑**設定にエラーが出なかった場合の画面**

入力した内容に問題があると「データベース接続確立エラー」の画面が表示されます。ユーザー名、パスワード、ホスト名のどれを間違っても同じ内容の表示ですので、「もう一度お試しください」をクリックして、再度入力内容を確認しましょう。

↑**「データベース接続確立エラー」画面**

❹ WordPress 情報の設定

WordPress サイトに必要な設定を入力し、「WordPress をインストール」ボタンをクリックします。

❶サイトのタイトル

サイト名（タイトル）を入力しましょう。のちほど変更可能なので、すぐに思い付かない場合は仮の名前でも大丈夫です。

❷ユーザー名

サイトの管理者のユーザー名です。ログイン時などにも使用します。変更できないので、よく考えて設定してください。

❸ パスワード

自動で作成されるパスワードはセキュリティのレベルが高い反面、入力に手間がかかります。自分で好きなパスワードに変更も可能です。簡易なパスワードを設定した場合は、「非常に脆弱」の警告が表示されます。その場合、「脆弱なパスワードの使用を確認」のチェックを入れると設定を続けることが可能です。パスワードはのちほど変更可能です。

❹ メールアドレス

のちほど変更可能ですが、パスワードの再発行などにも使用されるので必ず利用可能なメールアドレスを入力しましょう。

❺ 検索エンジンでの表示

サイトが検索エンジンに掲載されないようにクロールを拒否する設定です。サイト開発中はチェック、公開時には忘れずにチェックを外しましょう。のちほど変更可能です。

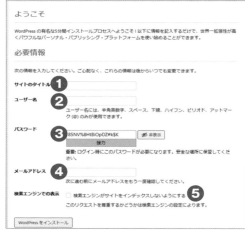

⬆有名な？5分間インストールプロセス　　⬆簡易なパスワードの設定時

❺ インストール完了

おめでとうございます。本当に、WordPress のインストールが完了しました！　早速「ログイン」ボタンを押して管理画面へ Go！

⬆「成功しました！」画面

❻管理画面ログインページが表示

　管理画面ログインのページ URL は、インストールした URL/wp-admin/ です。この管理画面 URL は、WordPress を利用する際に、最初に覚えるべき URL の 1 つです。

↑ログインページ

↑ログインした後に表示される管理画面（ダッシュボード）

　Chapter4 では、主に「シン・クラウド for Free」をもとに、サーバー環境の設定、WordPress の「簡単インストール」や一般的なインストール方法を紹介しました。筆者の経験でも「シン・クラウド for Free」は、非常に一般的で使いやすい環境だと感じます。使用しているサーバー環境に読み替えて試してみてください。

🧁 **COLUMN**

手打ち入力ミス

　筆者はこれまで数百人の初心者のWordPressのインストールに立ち合いました。その際、インストールに必須の各項目において、単純な入力ミスによってインストールが滞る状態を何度も目にしています。

　多くの場合、「データベースを作成していない」「ユーザーを設定していない」「データベースとユーザーを紐付けていない」「ホスト名の勘違い」「パスワードの手打ち入力ミス」などです。

　たまに、すでに WordPress をインストールしていたためにテーブル接頭辞の重複なども見られます。

　これらの中でもマスクされたパスワード入力欄でのパスワードの手打ち入力ミスは、思いのほか多く発生します。

　パスワードも含め、各種の設定値は必ずテキストファイルなどに転記しておき、コピー＆ペーストを行って入力しましょう。

memo

あとがき

　本書では、WordPressの「ブロックテーマ」カスタマイズと作成の概要を紹介しました。

　「ブロックテーマ」作成に関しては、現場でもまだまだ試行錯誤です。

　コアシステムへの変更や改善も頻繁に発生しますので、本書で紹介している手順が最善とはいえないかもしれません。特に、管理画面のレイアウトや名称、機能は、今後も変更される場合があります。本書との相違が発生した場合はご容赦ください。

　本書は、「WordPressテーマ」作成本の初心者をターゲットにと考え、執筆を進めましたが、「WordPressテーマ」を扱うにはWEBサイト制作の幅広い経験と知識が必要となることも事実です。

　書籍内で紹介しきれない基本的な情報も度々発生しますが、インターネット上の情報を駆使して読み進められることを願います。

　本書を通して「WordPress ブロックテーマ」のカスタマイズと作成が、少しでも身近になれば幸いです。

伊丹シゲユキ

■著者紹介

伊丹 シゲユキ（いたみ しげゆき）

職業はクリエーター。生まれたときからのフリーランス。イラストレーター業を機にグラフィック制作分野での活動を始める。デザイン、WEB、ゲーム企画、3Dを専門とし、加えて講師業、執筆、コンサルタント全般をフィールドとする。

HP：itami.info
Facebook, X（Twitter）：itami shigeyuki
YouTube：youtube.com/buzzlyHan

サクッと！ WordPress
ノーコードでブロックテーマを作る本

| 発行日 | 2024年 4月 1日 | 第1版第1刷 |

著　者　伊丹　シゲユキ

発行者　斉藤　和邦
発行所　株式会社 秀和システム
　　　　〒135-0016
　　　　東京都江東区東陽2-4-2　新宮ビル2F
　　　　Tel 03-6264-3105（販売）Fax 03-6264-3094
印刷所　株式会社シナノ　　　　　　　Printed in Japan

ISBN978-4-7980-6457-4 C3055